AF269703

LIBROS SALVAJES
Errata naturae editores

# ASÍ HEMOS HECHO ESTE LIBRO

Salvo casos excepcionales, trabajamos con una empresa papelera que funciona con biocombustibles locales y se abastece de los bosques cercanos, que gestiona de forma estrictamente sostenible. Ha implantado voluntariamente el Reglamento de la Unión Europea de Ecogestión y Ecoauditoría, y WWF la considera una de las fábricas más sostenibles del mundo.

Allí fabrican el papel interior y exterior con el que se ha hecho este libro, con unas emisiones certificadas de 365 kg de $CO_2$: un 50 % menos que la media europea y un 75 % menos que la media española. En otras palabras: uno de los papeles más sostenibles del mercado (además de tener las certificaciones FSC, PEFC, ISO9001, ISO14001 y EU Ecolabel).

Uno de los mayores problemas ecológicos a la hora de fabricar papel (y de hacer libros) es el consumo de agua: la media europea está entre 10 y 15 litros por kilo según la European Enviromental Agency. La fabricación del papel interior y exterior de este libro ha consumido sólo entre 3 y 4 litros.

Queremos eliminar todos los materiales de origen fósil de nuestros libros y de nuestro trabajo. Por eso este libro no está plastificado (si lo estuviera, su tirada habría consumido más de 500 m² de plástico).

El transporte del papel desde la empresa papelera hasta la imprenta se hace, en buena medida, en trenes de larga distancia, e imprimimos a menos de 300 km de nuestra oficina, todo lo cual nos permite reducir notablemente las emisiones contaminantes.

Una vez fabricados los libros, los envíos que dependen de nosotros se realizan mediante una mensajería ecológica: el 100 % de las recogidas y buena parte de las entregas se hacen andando o en bici. Para las entregas que no se pueden hacer sin medios motorizados hemos elegido a la mensajería con el plan de reducción de emisiones más ambicioso para 2025.

Toda la energía utilizada para editar este libro es 100 % energía verde renovable y certificada. Además proviene de una cooperativa de la que nuestra editorial es miembro, de modo que consumimos la energía que previamente producimos en instalaciones solares, eólicas o de biomasa.

Todos los recursos económicos utilizados para editar este libro estaban depositados en la banca ética, y allí llegarán también los beneficios (¡esperemos que los haya!). De este modo garantizamos que este dinero sólo revertirá sobre proyectos sostenibles, con un interés social, cultural y medioambiental, sin inversiones en la economía de las energías fósiles.

Si quieres más información sobre estas cuestiones puedes leer el apartado «Compromisos» de nuestra página web o escribirnos a info@erratanaturae.com.

# UN TIEMPO MÁS SALVAJE

## APUNTES DESDE LOS CONFINES DE LOS HIELOS Y LOS SIGLOS

## WILLIAM E. GLASSLEY

TRADUCCIÓN DE DAVID MUÑOZ MATEOS

errata naturae

PRIMERA EDICIÓN: noviembre de 2020
TÍTULO ORIGINAL: *A Wilder Time: Notes from a Geologist
at the Edge of the Greenland Ice*

© William E. Glassley, 2018
This edition made available by Kaplan / De Fiore Rights with
The Foreign Office. First published in the United States in 2018
by Bellevue Literary Press, New York.
© de la traducción, David Muñoz Mateos, 2020
© Errata naturae editores, 2020
C/ Alameda 16, bajo A
28014 Madrid
info@erratanaturae.com
www.erratanaturae.com

ISBN: 978-84-17800-54-3
DEPÓSITO LEGAL: M-8095-2020
CÓDIGO IBIC: DN
IMAGEN DE PORTADA: Monica Bertolazzi
MAQUETACIÓN: Sara Pintado
IMPRESIÓN: Kadmos
IMPRESO EN ESPAÑA – PRINTED IN SPAIN

# ÍNDICE


Prólogo     13

INTRODUCCIÓN     25

IMPRESIONES I     33

  FRACCIONAMIENTO     35

    SILENCIO     37

    ESPEJISMO     63

    LA BRECHA EN LA ROCA     83

    *CLADONIA RANGIFERINA*     97

    HALCÓN     105

IMPRESIONES II     115

  CONSOLIDACIÓN     117

    LA PARED DE SOL     119

    GRAZNIDOS Y MITOS     131

    PERDIZ NIVAL     141

    AGUA CLARA     149

    UN RÍO DE PECES     155

IMPRESIONES III     165

  EMERSIÓN     169

    MAREA     171

    LA MECÁNICA DEL GUIJARRO     183

    HIELO     193

    FOCA     207

    PERTENENCIA     219

IMPRESIONES IV     227

EPÍLOGO 229

GLOSARIO 249

AGRADECIMIENTOS 253

BIBLIOGRAFÍA DE OBRAS CITADAS 259

*A Kai Sørensen y John Korstgård,*
*de cuya amistad, valor y alma nació el Equipo Alpha,*
*y a Nina, por obligarme a aceptar la oportunidad*

*O bien todo es sublime, o nada lo es.*

KATHERINE LARSON


*Tú no llegaste al mundo.*
*Tú saliste de él, como una ola del océano.*
*No eres ningún extraño.*

ALAN WATTS

A lo largo de todo el texto, las palabras en negrita remiten al glosario final, donde el lector podrá encontrar más información sobre cada uno de los términos. (N. del E.).

Toda destinación, presente o pasada, es una expectativa que habita en territorios imaginarios. La mente bulle con todas las aventuras que nos saldrán al paso, de tantos senderos, de todos los miedos a los que, en secreto, deseamos enfrentarnos. Se suele pensar que el destino se encuentra en el punto final del viaje, pero raramente es así. A menudo, los destinos se tornan portales abiertos a algo que ni siquiera podíamos imaginar, algo que arrasa y anega las primeras expectativas. Al menos eso me ocurre a mí cada vez que viajo a las tierras vírgenes de Groenlandia.

Groenlandia es el sueño de todo geólogo. La vegetación no puede arraigar a la velocidad a la que el hielo retrocede y éste, al retirarse, deja al descubierto la roca en la que se había asentado durante miles de años. Todo el que esté interesado podrá ver, relumbrando al sol, decidida a convocar cada mirada, una insólita maestría artística.

Resulta sorprendente, como mínimo, que una de las cualidades de la roca sea la fluidez, pero sólo hay que observar las asombrosas formas y estructuras de los afloramientos rocosos, vedadas a las capacidades creativas del ser humano, para comprender que en el corazón del continente se aloja algo casi tan fluido como el agua. Los distintos estratos, algunos de menos de un centímetro de espesor y otros más altos que una casa, coloreados con una paleta de tonos blanquecinos y terrosos, pero también verdes, azules oscuros y rojos, se pliegan sobre sí mismos, se comprimen y dilatan, se estiran hasta que casi desaparecen, y vuelven a ensancharse. Desearíamos conocer los misterios últimos que relatan, pero apenas si somos capaces de volverlos inteligibles.

Siempre viajo a Groenlandia en compañía de dos geólogos daneses, Kai Sørensen y John Korstgård; los tres nos hemos propuesto desentrañar al menos una pequeña parte de estos enigmas. Pasamos allí, cada vez, varias semanas, acampados en una de las extensiones de tierra virgen más grandes del mundo. Recorremos a pie y a gatas un territorio de cincuenta mil kilómetros cuadrados, buscando en los discontinuos indicios que aparecen en los afloramientos una línea argumental. La nuestra es definitivamente una ciencia forense. Con cientos de técnicas diferentes, tecnologías y planteamientos lógicos fragmentarios, nos dedicamos a elaborar un relato coherente que recoja la historia no humana de la Tierra casi al completo.

Hasta el momento, nuestras investigaciones y las que han llevado a cabo otros colegas desde los años cuarenta sólo han sacado a la luz el esquema más básico de esa historia. No hemos demostrado más que la certeza de encontrarnos frente a un arcano hecho de roca y de vida y de la simbiosis entre ambas. Si lo comparásemos con un libro, la cubierta y la contracubierta estarían prácticamente listas para la imprenta, pero la tinta de las páginas interiores se vería, en el mejor de los casos, borrosa.

Sin embargo, no debe extrañarnos la falta de resultados. Groenlandia se encuentra por encima del Círculo Polar Ártico, de forma que las condiciones de luz solar y temperatura que permiten la investigación sobre el terreno se dan sólo durante unos pocos meses al año. Es una región tan remota que requiere disposiciones específicas de transporte para todo desplazamiento, y los esfuerzos logísticos son considerables. Sigue siendo un vasto territorio inexplorado, del que sólo conocemos en profundidad ciertos detalles.

Su misterio resulta irresistible. En la roca madre se conservan indicios de que hace entre dos mil y tres mil quinientos millones de años se produjeron múltiples episodios vinculados a la formación de montañas. Es probable que el más reciente fuera de una magnitud sólo comparable al de la creación del Himalaya. Hay algunas pruebas de desplazamientos a lo largo de fallas gigantescas, de sistemas volcánicos que habrían rivalizado con los Andes, de cuencas oceánicas del tamaño del Atlántico. Un relieve desaparecido, engullido por el empuje presuroso de la evolución del planeta. Pero un relieve hipotético, pues las observaciones que le dan consistencia son escasas y los datos, difíciles de analizar.

Y por si la investigación no fuera ya lo suficientemente problemática, planea sobre ella una incertidumbre crucial acerca de los principios mismos de la geología. Todos los estudios geológicos que abordan las dinámicas actuales de la Tierra se basan en la teoría de la tectónica de placas. Ésta define la Tierra como un planeta dinámico y afirma que las altas temperaturas del manto profundo sirven de energía motriz para el lento desplazamiento de las doce placas de corteza continental y oceánica. La orogénesis, o formación de montañas, se produce allí donde las placas colisionan, y la nueva corteza allí donde las placas divergen; es un proceso de creación y destrucción que cumple todos los requisitos de un sistema autónomo equilibrado, un juego de suma cero. Sin embargo, todas las pruebas que se conocen y que han sido aceptadas nos dicen que el proceso lleva activo novecientos millones de años. Para épocas anteriores, los indicios son equívocos y dividen a la comunidad científica. Puesto que en Groenlandia las rocas son mucho más antiguas, la interpretación de las observaciones no resulta sencilla y no tenemos claro a qué fuerzas atribuir los fenómenos.

Las rocas con las que trabajamos pertenecen a un periodo de transición. La vida, en toda su delicadeza y vulnerabilidad, es el agente químico más poderoso de la Tierra. La respiración celular de los seres vivos está en el origen de la atmósfera; la composición de los océanos y los ríos es consecuencia de su metabolismo. Su papel fue crucial incluso en la formación de los continentes: hace más de tres mil ochocientos millones de años, las estructuras relictas de la fotosíntesis, mezcladas en el interior del manto, dieron pie al fundido que rebasó desde el interior y se convirtió, por coalescencia, en las masas de tierra sobre las que hoy caminamos[1]. ¿Fue ése el comienzo de la tectónica de placas o es ésta un fenómeno posterior, precedido por un proceso energético del que no sabemos nada? La respuesta a esa pregunta se encuentra en las rocas que recogemos y estudiamos.

Nuestra investigación se realiza en una franja de tierra prácticamente inexplorada que se extiende a lo largo de más de ciento cincuenta kilómetros, al oeste del borde del manto de hielo de Groenlandia, también llamado *indlandsis*. Aunque el interés científico con que la afrontamos es de orden académico, nuestras vivencias han sido de un orden cercano a la experiencia de lo sagrado. Hace años que acampamos durante semanas en uno de los territorios vírgenes más grandes del mundo. En completa soledad, aislados de forma voluntaria del resto de la humanidad, caminamos y navegamos sin resistencia por un mundo que apenas conoce la huella del ser humano. Tomamos muestras y fotografías, y realizamos mediciones de un lecho de roca que data de una época inconcebible, que ha conocido la práctica totalidad de la historia del planeta. La superficie es severa e implacable, pero posee

---

[1] M. Rosing, «The Rise of Continents: an Essay on the Geologic Consequences of Photosynthesis» [El surgimiento de los continentes: un ensayo sobre las consecuencias geológicas de la fotosíntesis], *Palaeogeography, Palaeoclimatology, Palaeoecology*, n.º 232, 2006, pp. 99-113.

una extraordinaria belleza, una insólita exuberancia en sus mutaciones.

Caminar y navegar de un afloramiento a otro, sumidos en la grandeza de la tierra virgen, convierten el día a día en un ejercicio de humildad. El tiempo se quiebra, languidece en algún remanso de la percepción. Observar el hielo, las aguas sonámbulas de los **fiordos**, los desfiladeros rocosos y las llanuras de la **tundra** es una experiencia reiterativa de confrontación con lo inconcebible, donde cada cosa expresa una esencia sutil de lo existente que sólo puede conocerse aquí, en su presencia. El abismo que separa las expectativas prejuiciosas que nacen de la vida urbana y la pureza del lecho de roca en este territorio indómito es prácticamente insalvable. La sensación de que ignoramos esa pureza, de que nos encontramos alienados fuera de ella, es ineludible y devastadora.

Poco a poco voy entendiendo con mayor claridad que todo territorio virgen es a la vez un lugar y un relato. Las tierras que el ser humano no ha alterado son fuente de inspiración y alimentan la imaginación con misterios y relaciones imposibles de concebir en ningún otro sitio. La dimensión de esa riqueza y la complejidad de esa estructura no tienen cabida en la experiencia cotidiana. Los territorios vírgenes, la naturaleza salvaje, son el corazón primigenio de eso que llamamos alma y, en consecuencia, han de ser aceptados como una versión del hogar. En mi caso, Groenlandia es el territorio que encarna esta enseñanza. Irónicamente, tal vez, sólo al afanarme tras las observaciones cuantitativas, objetivas, se me revelaron las verdades emocionales y sensoriales presentes en los territorios ajenos a lo humano.

El término *wilderness* [naturaleza salvaje, tierra virgen] procede del término anglosajón, *wildēornes*[2], que significa «el lugar en el que sólo viven los animales salvajes». De forma implícita, esta noción define también el lugar en el que la existencia humana es, en esencia, batalla constante por la supervivencia. Un territorio donde no resulta fácil asentarse, ni cultivar la tierra, ni formar una familia o disfrutar de una velada con amigos. Las tierras vírgenes, habitadas sólo por la fauna salvaje, constituyen nuestras fronteras: podemos recorrerlas y explorarlas, pero todo intento de residir en ellas está abocado al fracaso. No son lugares acogedores ni hospitalarios. Es el territorio en el que el ser humano se vuelve presa.

Hubo un tiempo en el que las tierras vírgenes eran la práctica totalidad del mundo, escenario del nacimiento de una humanidad nómada. Muchos idiomas carecían de término para referirse a esos territorios, pues constituían, al fin y al cabo, el lugar mismo de la existencia: nombrarlos resultaba innecesario. Ahora hemos dejado de deambular por ellos y, desde hace unos mil años, empezamos a darles nombre —*wilderness*, naturaleza salvaje, tierra virgen—: los hemos convertido en una rareza. Hemos ocupado la superficie del planeta como un tsunami

---

[2] No está claro cuál sería la pronunciación de esta palabra, dado que esa lengua dejó de hablarse de manera generalizada hace casi novecientos años. Hay quien cree que a los angloparlantes actuales aún les resultaría reconocible.

gigantesco, ampliando el espacio de la humanidad en el mundo mientras desplazábamos a los márgenes la posibilidad de una experiencia profunda de la naturaleza. En treinta y cinco años, la población del planeta pasará de siete mil millones de personas a más de diez mil y, a medida que lo haga, las tierras vírgenes se verán menoscabadas y reducidas aún más, arrastrando consigo la única posibilidad que tenemos de conocer nuestro verdadero origen. Si perdemos el contacto íntimo con la naturaleza perderemos una oportunidad de plenitud. Lo trágico es que ni siquiera nos damos cuenta de ello, por obvio que resulte. Yo me ofrezco como testigo: sin pretenderlo he visto **fósiles vivientes**, auténticos vestigios de la desaparición.

Una tarde, mientras Kai cocinaba y John repasaba sus apuntes, salí a pasear por la orilla que queda al norte del campo base, buscando un lugar en calma para reflexionar sobre lo que la jornada había dado de sí. Desde una elevación del terreno descubrí una modesta bahía que no conocía. La marea había descendido y en la distancia se agitaban las olas a la entrada del fiordo. Bajé hasta la playa, donde el agua se deslizaba en suaves ondas, descendientes de aquellas olas lejanas, por la membrana acuosa que cubría el fango de la llanura mareal. Los icebergs flotaban, a lo lejos, en las aguas del fiordo. La luminosidad gris rosácea de los vientres veteados de las nubes se reflejaba en la superficie del agua, que apenas se alzaba sobre los sedimentos. Si había algún dramatismo, lo creaba la propia mente: ojos imaginarios, criaturas al acecho entre las negras sombras de cientos de rocas —algunas de unos pocos centímetros, otras de más de un metro de diámetro— desperdigadas por la bahía. No tenía más propósito que contemplar la exuberancia de la escena cuando, poco a poco, sentí nacer una incongruencia desde debajo de la superficie de las cosas. Sobre una de las rocas había, en delicado equilibrio, un curioso montículo de tundra. Parecía haber sido colocado a propósito. Tenía casi un metro de espesor y su parte superior, de la que crecían unas hierbas larguiruchas, era completamente plana. Mientras le buscaba el sentido, me di cuenta de que todas las rocas que superaban cierta altura poseían un montículo idéntico. Y que la superficie aplanada de todos ellos estaba al mismo nivel.

Entonces comprendí, sorprendido, que cada montículo era un residuo de la erosión de la antigua tundra, que en un pasado no muy lejano llegaría hasta el borde de la bahía. El aumento del nivel del mar había roído los delicados vestigios vegetales y la frontera en que un día se concretó la armonía entre la tierra y la marea. El límite de lo salvaje, sin oponer demasiada resistencia, se retiraba en silencio hacia ese nuevo futuro que forjamos los seres humanos, sin darnos cuenta.

Cuando hayan desaparecido todas las tierras vírgenes del mundo, incluso aquellas cuya misma naturaleza enfrenta sus fuerzas a las del cambio climático, no quedarán más que reminiscencias y huellas de texturas y formas, de silencios y gritos, de olores y sabores. Habremos dejado escapar el único punto de referencia que nos permite confrontar y definir un sentido para la mente en el universo.

Conforme pasaban las jornadas, acampado junto a Kai y a John en las tierras inhóspitas de Groenlandia Occidental, el ruido de las ciudades se diluyó en un vago recuerdo y mi propia identidad se hizo parte del territorio. Los límites entre lo que es exterior e interior al alma quedaron difuminados. Quiénes somos y qué somos, como individuos, se convirtieron en cuestiones inseparables de los procesos evolutivos de la Tierra. Habíamos ido a investigar y a resolver, como científicos, algo que se fundía en las profundidades de la experiencia incandescente de aquel lugar.

UN TIEMPO MÁS SALVAJE

En Groenlandia se encuentra una de las extensiones continuas de tierra virgen más amplia del planeta, que discurre, en gran parte, bajo el hielo. En las áreas no cubiertas de hielo, el territorio se materializa como experiencia y no como lugar. Las fronteras reales o imaginarias, las que reciben un nombre y las anónimas, se tornan oportunidades. Los sentidos se agudizan y se afilan en la vivencia de lo salvaje, en su cruda pureza. Las superficies conservan tanta historia que la realidad parece esclarecerse a sí misma cuando se pone el pie en ellas.

Debemos comenzar por una serie de datos objetivos acerca de Groenlandia. Lo primero, sus dimensiones: si superpusiéramos esa tierra de hielo con rebordes rocosos sobre el oeste de América del Norte, rebasaría las fronteras norte y sur de Estados Unidos, y se ensancharía prácticamente desde San Francisco hasta Denver. Su superficie es, por tanto, cuatro veces superior a la de países como

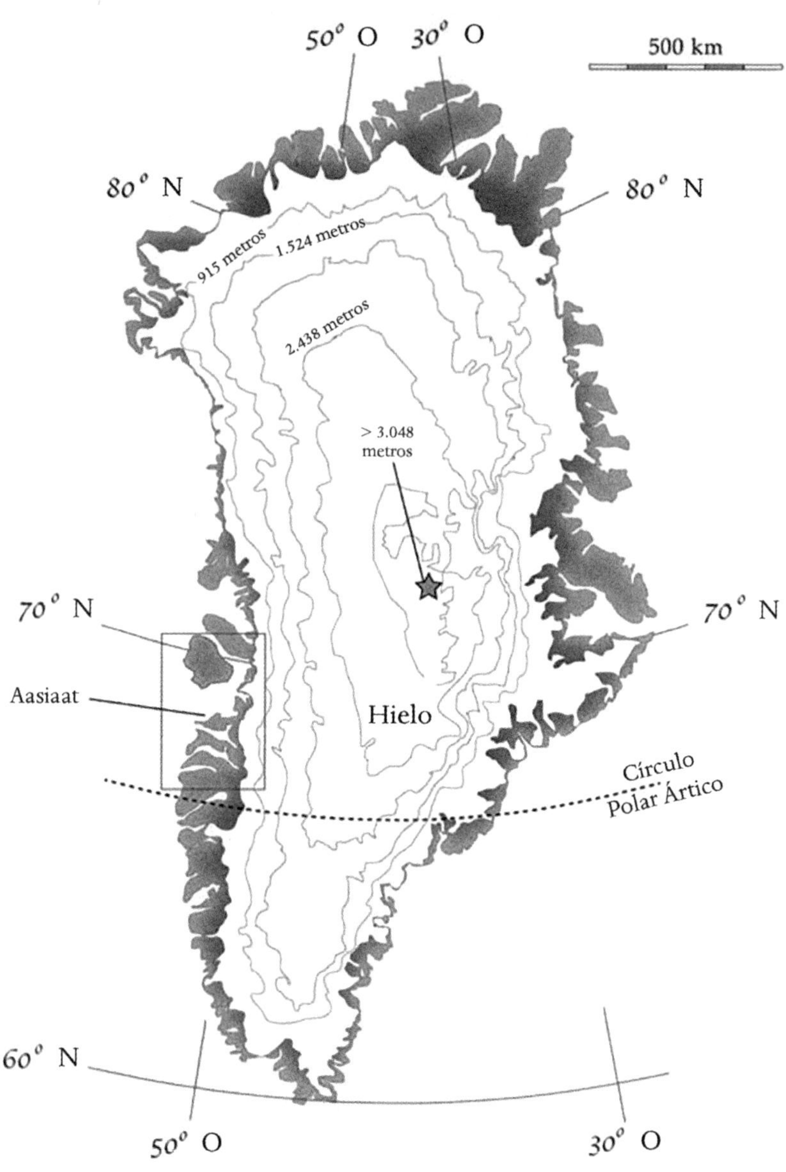


*Groenlandia, densidad del hielo y de la superficie terrestre (en gris oscuro). La región en el recuadro es nuestra área de investigación.*

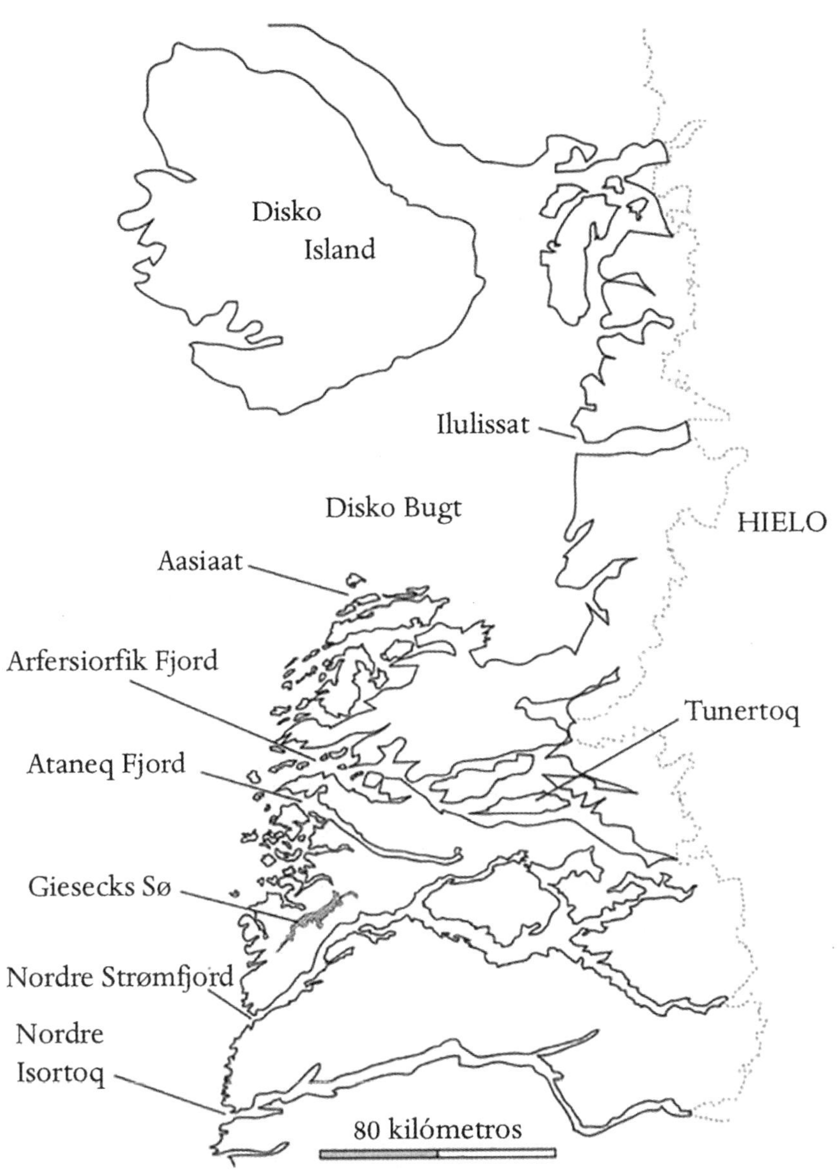


*Área de investigación. La línea de puntos señala el límite del manto de hielo.*

España o Francia. Más del ochenta por ciento del territorio está enterrado bajo el único manto de hielo permanente del hemisferio norte. En su punto de mayor grosor, éste alcanza más de tres mil metros de espesor y contiene más del diez por ciento del agua dulce del mundo. La mayor altitud del casquete glaciar en la isla supera los tres mil quinientos metros por encima del nivel del mar.

Más de la mitad de Groenlandia se encuentra dentro del Círculo Polar Ártico. Fue la última gran masa de tierra del planeta habitada por el ser humano, hace unos cuatro mil quinientos años. Le corresponde también el honor de ser la región menos poblada del mundo y es la única nación en la base de datos del Banco Mundial cuya densidad de población es cero (ya que todas las estadísticas figuran como números enteros). En esa misma escala, la densidad de población de Estados Unidos es de treinta y cinco habitantes por kilómetro cuadrado, mientras que la de Reino Unido llega a doscientos sesenta y cinco. De los menos de sesenta mil residentes permanentes en Groenlandia, la mayoría se identifica como miembros del pueblo inuit. La ciudad más grande es Nuuk, con dieciséis mil quinientos habitantes. Sólo hay setenta y ocho núcleos habitados, entre ciudades, pueblos y asentamientos en toda la isla. Buena parte de ellos tiene menos de cincuenta habitantes. Los inuits la llaman Kallallit Nunaat.

La cultura groenlandesa está definida por la caza y la pesca como formas de vida mayoritarias, actividades que los habitantes llevan practicando de forma sostenible desde hace cientos de años. Las presas principales son las focas y los renos, que ofrecen alimento y materia prima para fabricar ropa y poner en marcha un limitado comercio; eran parte de una economía de subsistencia. A través del arte, la fotografía, la literatura y los mitos heredados de los pueblos inuit puede observarse una callada perspectiva de sus hogares y sus prácticas tradicionales. Ahora bien, la falta de vínculos comerciales significativos y de verdadero rendimiento ha hecho que pocas personas no nativas puedan acceder a esa cultura o comprender los cambios que atraviesa.

De las decisiones que se toman en otros países y que afectan a las complejas interacciones entre la economía, la moral y la naturaleza nace una cadena de causas y efectos que llega incluso a lugares tan remotos como Groenlandia. En 1983, tras la atención mediática que recibieron las bárbaras prácticas de caza de crías de focas en Canadá, la Comunidad Económica Europea prohibió el comercio con la piel de estos animales, prohibición a la que siguió, en 2009, ya por parte de la Unión Europea, la de comerciar con cualquier producto derivado de ellos. Las consecuencias para Groenlandia fueron enormes y, algunas, completamente imprevisibles. La pérdida de ingresos por la venta de las pieles de foca y otros productos derivados fueron muy dañinas para la cultura de la caza inuit. Al desaparecer el mercado se redujo su práctica y aumentó enormemente la población de focas. Un crecimiento veloz de una especie depredadora que provocó el descenso de la población piscícola, lo que también afectó a esa parcela de la economía de subsistencia de los inuit. Así, pese a las recientes modificaciones legislativas —favoreciendo excepciones para el comercio de productos derivados de la caza sostenible—, el impacto sobre sus ingresos ha sido significativo. Aunque su economía nacional siempre ha sido dependiente de la subvención anual que recibe del Reino de Dinamarca, del que es miembro independiente, hoy en día esa supeditación económica es aún mayor, cercana al 60 % de sus ingresos. Groenlandia es un país que lucha por mantener un estilo de vida sostenible, y ahora, con las dificultades añadidas de un contexto de cambio climático, el reto es imponente.

Lo que viene a continuación es el relato de mis experiencias en las distintas zonas de Groenlandia a lo largo de seis expediciones. He presentado la historia en tres partes, cada una de las cuales contiene una serie de vivencias sensoriales formativas que modelaron mi percepción. En «Fraccionamiento» se registra el derrumbe de mis expectativas originales, lo que me permitió aprender hasta qué punto desconocía aquel lugar. En «Consolidación» se describe el proceso por el cual mi ignorancia, como producto de una evolución física y orgánica, se hizo parte esencial de mi ser consciente. Y en «Emersión» se recorren las pequeñas epifanías que me fueron ofreciendo un conocimiento sobre nuestro lugar en el seno de la existencia, aquello que podemos conocer y aquello que nos está vedado.

Tener un lugar en el mundo implica asumir unas responsabilidades, pero no nos brinda un sentido. En esa aparente contradicción y en la capacidad para transmitirla mediante la belleza sobrecogedora de una evolución en esencia indiferente, se encuentra el poder majestuoso de los territorios salvajes. Lugares donde también observamos una reconstrucción: la reacción a nuestra propia capacidad para destruirlos y a los cambios climáticos que hemos provocado.

Este libro, por tanto, no es cronológico. Las experiencias que conforman la percepción se congregan siempre de maneras peculiares, subjetivas, maneras que a veces ni siquiera me resultaron del todo comprensibles, al menos al principio. La creación de una nueva forma de *ver* es un proceso fragmentario. Cada percepción alterada, cada intuición y asunción ocupa un pequeño lugar en un tapiz eterno que nunca se completará.

La naturaleza virgen habla con absoluta honestidad. Al acceder a ella, todas las creencias e imágenes mentales que llevamos dentro se nos devuelven, reflejadas, de una forma apenas reconocible. Durante la escritura de este libro, mi esperanza ha sido que el valor de esa naturaleza prístina, como lugar en el que se percibe nuestro íntimo encaje dentro del grandioso despliegue del universo, nos mueva a conservarla. Si permitimos que desaparezca, nos resultará imposible hallar nuestras propias raíces humanas, como especie y como individuos.

# IMPRESIONES I

*La belleza en sí misma no es sino la imagen sensible del infinito.*

GEORGE BANCROFT

Todo lo que vemos es superficie. Aquello que percibimos como experiencia emana del reflejo de la luz, producto de una cadena de acontecimientos que llegan hasta el presente y que en un determinado momento adquieren contorno, se hacen visibles. De esa impresión, la vida nos enseña a extraer textura y forma, peso y calidez.

Ahora bien, ¿qué es lo que descansa en silencio bajo la corteza de piel cósmica, qué es lo que compone aquello que percibimos? Interrogamos a las estrellas para entender por qué sale el sol cada mañana, por qué llega el invierno, por qué hemos de morir. Y en cada respuesta y en cada momento de iluminación encontramos una pregunta más profunda, un laberinto interior de misterios que le dan nuevas alas a la imaginación. Con esos fragmentos construimos conocimientos sobre lo que compone el mundo, el marco absoluto en el que cada uno de nosotros vive su vida, aquello en lo que colgamos una noción de sentido.

De este modo sabemos que la vida es una fuerza imparable, que está en constante evolución, que vio nacer la conciencia a partir de polvo de estrellas y tiempo. Esa revelación conlleva una enorme carga de sentido, pero al mismo tiempo sabemos que, desde una perspectiva cósmica, somos un acontecimiento trivial. Una gota en un río de entropía que lleva manando casi catorce mil millones de años. Nos fascina la historia que les suponemos a las estrellas, pero somos incapaces de trazar su auténtico curso. Recorremos un territorio y otro y en las rocas tratamos de aislar pasados, anhelando la chispa de ese hallazgo que merezca ser atesorado.

# FRACCIONAMIENTO

*Una cosa nos había impresionado profundamente en aquel pequeño viaje: el gran mundo había quedado atrás enseguida. Perdimos el miedo, la fiereza y la corrupción de la guerra y de la inseguridad económica. Los asuntos importantes que habíamos abandonado ya no nos lo parecían tanto. Debe de existir una cualidad infecciosa en estas cosas, pero nosotros nos habíamos librado del virus, o éste había sido anulado por los anticuerpos de la tranquilidad. Nuestro ritmo se había retardado de forma considerable; los cientos de miles de pequeñas reacciones de nuestro mundo diario quedaban reducidas a unas pocas.*

JOHN STEINBECK, *POR EL MAR DE CORTÉS*

# SILENCIO

Viajamos al área que íbamos a estudiar en un pesquero contratado por el Instituto Geológico de Dinamarca y Groenlandia. Tenía el casco azul claro y una cabina deteriorada, barnizada muchas veces, en la que a duras penas cabían dos personas. La madera de la cubierta estaba igualmente gastada y sobre ella amontonamos mochilas, cajas, tiendas de campaña, unas cuantas bolsas de comida fresca y el resto de víveres que nos permitiría aguantar allí cuatro semanas. Nos estaba esperando, a John, a Kai y a mí, en el puerto de Aasiaat, Groenlandia Occidental, el extremo más meridional a la entrada de la bahía de Disko. Aasiaat es, con menos de tres mil doscientos habitantes, una de las ciudades más grandes de Groenlandia. Una tarde de verano, uno puede recorrer cada calle y pasar por delante de todas las casas en unas pocas horas.

Bajo la atenta mirada de Peter, el capitán, dedicamos media hora a estibar el barco, asegurar la carga y hacer inventario antes de zarpar hacia las aguas salpicadas de icebergs. Teníamos por delante un largo viaje, así que nos turnamos para dormitar en el castillo de proa, que contaba con dos literas atornilladas al mamparo. Al otro lado de las planchas de roble de ocho centímetros de espesor que componían el casco se oía el rugido del mar. Dormí una hora, más o menos, y después regresé a cubierta para contemplar el paisaje.

El aire sereno, frío, el agua como un cristal bajo el cielo encapotado. A intervalos, divisábamos en la distancia ballenas que salían a la superficie para alimentarse de bancos de peces. En varios de los arrecifes por los que pasábamos se veían las manadas de huskies que cada verano sus dueños dejan a su propio albedrío. Parecían realmente salvajes.

Me apoyé en la barandilla descascarillada, escuchando de fondo el *chug-chug-chug* con que batía el motor diésel de dos tiempos. Me había abrigado bien: una camisa de trabajo, un jersey, un forro polar y un gorro de lana cubriéndome hasta las orejas, parapetándome contra los cuatro grados de temperatura.

Al bordear las islas, sentí que el mundo que dejaba atrás tiraba de mí con angustia imprevista. Durante meses había aguardado que llegara la hora de zarpar y esos hallazgos cotidianos que compartiría con viejos amigos en una tierra prácticamente ignota. Pero ahora prevalecía sobre aquella emoción primera una pena aguda. No vería ni escucharía a mi mujer ni a mi hija durante varios meses. Desaparecerían los fácilmente inadvertidos placeres de la vida familiar, los pequeños consuelos de la rutina de preparar la comida en familia, ver una película, leer el periódico, reír con amigos en alguna fiesta, llevar a Nina hasta el autobús de la escuela. Todo esto era lo que abandonaba.

Interrumpió mis meditaciones el oficial, que se acercó y se apoyó en la barandilla junto a mí. Tenía el pelo de color terroso, apelmazado por algunas zonas y encrespado en otras; sus ojos azules resplandecían en el rostro curtido. La nariz, ancha y chata, atesoraba un buen número de vivencias. Hablaba un inglés perfecto, pero con un acento inesperado.

—Entonces, ¿qué os trae por aquí? —preguntó. A pesar del frío, no llevaba más que una camiseta de manga corta y vaqueros.

—Somos geólogos —dije, recuperando rápidamente la compostura—. Hemos venido a estudiar el terreno.

Se quedó pensativo unos segundos y añadió:

—Hmmm. ¿Buscáis oro?

—No, sólo nos interesa la historia de las rocas.

Asintió y frunció los labios.

—¿Y qué tiene eso de interesante? —preguntó, con absoluta despreocupación. Ni siquiera estaba mirándome a mí, dirigía la vista hacia el lento discurrir del paisaje.

Le hablé de los indicios que parecían señalar que hace casi dos mil millones de años existía en este mismo lugar un sistema montañoso de unas dimensiones similares al Himalaya o los Alpes. Le conté que todo lo que hoy quedaba de él era un rastro críptico, preservado en lo que tal vez fueran las raíces profundas de aquella antigua cordillera. Con el paso del tiempo, le dije, era posible que la erosión hubiera sacado a la luz el mapa de esos orígenes y que ahora pudiéramos estudiarlo para comprobar si la hipótesis era cierta.

—¿Montañas tan grandes, aquí? Es alucinante… Increíble, la verdad —dijo mientras ambos contemplábamos un paisaje de planicies en el que, por supuesto, no era fácil imaginarse un K2, un Eiger o un monte Everest.

—¿De dónde eres? —le pregunté. Su aire anglosajón y su acento hacían evidente que no había nacido ni crecido en estas latitudes.

—De Sídney. Vine con mi novia hace cinco años, como turistas, pero la belleza de este lugar nos convenció para quedarnos algunos días más. Coincidí con Peter un par de veces y empezó a caerme bien. Es sueco. Lleva aquí veinticinco años. Va a visitar a su familia cada febrero, pero necesita regresar: es incapaz de vivir en ningún otro sitio. El primer año estuvimos cuidando de su casa mientras él estaba fuera. Y cuando volvió, me ofreció trabajo en el barco y acepté.

Se quedó mirando al agua durante un rato y dijo: «No puedo volver a Australia. Hace demasiado calor». Se rió. Después se puso serio.

—Amo esta vida. La libertad, los espacios abiertos. En otros lugares hay demasiada gente… Aquí cuidan los unos de los otros. Pero entienden que lo importante es lo que hay fuera. —Hizo un gesto con la mano abierta hacia el horizonte—. Hay una paz, un vacío que no he conocido en ningún otro lugar… Ya no puedo dejarlo. Y mi novia tampoco. Ahora nuestro hogar está aquí.

Contemplé el paisaje que nos rodeaba preguntándome de qué forma lo percibiría el oficial. Me resultaba obvio que el vínculo que me ataba a mi barrio, en la Bahía de San Francisco, y a sus calles, sus bares y sus pequeñas tiendas, palidecía al compararlo con la pasión con que aquel hombre habitaba el que se había convertido en su lugar en el mundo.

No dijimos nada más durante bastante rato. Al final se incorporó: «Tengo que volver al trabajo. A Peter no le hace ninguna gracia pagarme si ve que no estoy atareado con el barco. Espero que encontréis lo que buscáis». Me dio la mano y se alejó.

Habíamos llegado hasta aquí en un largo viaje, que se extendía a lo largo de medio planeta y de muchos años. A Kai Sørensen lo conocí hace casi tres décadas, en Oslo. Él es danés y había llegado a Noruega huyendo de una compleja turbulencia de amor y amistad, y tratando de continuar con su carrera de geólogo. Buscó refugio psicológico en el centro de estudios en el que yo me encontraba, un lugar que le sirvió para proseguir sus investigaciones y rehacer su vida.

Yo también buscaba un cambio. En los últimos meses me había divorciado, estaba tanteando una nueva relación y me había doctorado. Me ofrecieron la posibilidad de trabajar en nuevas líneas de investigación en Noruega y no me lo pensé dos veces: todo lo que deseaba era una oportunidad para empezar de cero. Mi falta de contactos en Oslo me permitía llevar una vida casi monástica, disfrutar de un mundo en calma en el que dedicarme en cuerpo y alma a la ciencia: era muy consciente de que sería la mejor manera de escapar de un pasado emocional tumultuoso. Kai y yo, por tanto, compartíamos un estado anímico similar y ambos éramos prófugos de nuestra cultura, lo que trajo como resultado numerosas controversias, un apartamento compartido y una intensa amistad. Al final, se nos uniría un tercero, Julian Pearce, cuya trayectoria vital se asemejaba también en muchos aspectos a los nuestros. Formamos un extraño hogar de amigos extranjeros. Cada mañana tomábamos el autobús al centro de estudios, comíamos juntos en la mesa de los geólogos del tercer piso y regresábamos por la noche, turnándonos para preparar la cena. Dedicamos aquellas veladas a juegos de cartas, en los que casi siempre perdía yo, a escuchar *Cabaret* y *Jesucristo Superstar* en el equipo de música de Kai y a beber café aderezado con un chupito o dos de Linie Aquavit. Encontramos estabilidad en un enclave necesariamente temporal.

Cuando comencé mis estudios de Geología no podía prever el creciente entusiasmo con que abordaría esta línea de investigación. Había dedicado los primeros años de la tesis a estudiar los sesenta millones de años de historia —como un periodo relativamente breve— de la península Olímpica, en el estado de Washington, y fue allí cuando empecé a darme cuenta de la inaprensible magnitud y belleza de la evolución de la Tierra. Me sobrecogía el movimiento imparable, y a la vez inconcebiblemente lento, que se escondía en los detalles de la roca madre de cada territorio. Me volví adicto a la emoción de hallar historias de tiempos aún más remotos, nunca antes vistas ni reconocidas. En Noruega tenía la posibilidad de trabajar sobre problemas más complejos que los que había encontrado en relación con mi tesis. Era la oportunidad de enfrentarme cara a cara con cuestiones fundamentales, por ejemplo, la manera en que ciertos tipos de rocas intercambian componentes químicos cuando están enterradas a decenas de kilómetros de profundidad. Era un problema académico de carácter casi esotérico, que sólo suscitaba el interés de unos cuantos investigadores dispersos por el mundo, pero que me permitía ahondar en algo con implicaciones globales, aunque fuera a una escala prácticamente insignificante.

Mientras tanto, Kai no dejaba de contarme historias fascinantes sobre sus investigaciones en Groenlandia Occidental, en una zona de rocas antiquísimas y pasado muy complejo, al borde del manto de hielo. Consiguió que aquel territorio del que no conocía nada me intrigara de verdad. Describía rocas de más de dos mil millones de años de antigüedad cuyos enigmáticos patrones parecían hablar de acontecimientos similares a los que tienen lugar en las actuales cordilleras del Himalaya o los Alpes. Unos acontecimientos que, al parecer, habrían ocurrido a muchos kilómetros de profundidad, lo que hacía sospechar que en Groenlandia se podrían hallar indicios de los mismos procesos que hoy tienen lugar en el interior de esas montañas, bajo las cumbres y las crestas de sus siluetas irregulares. Sin embargo, carecíamos de un contexto de **placas tectónicas** firme al que adscribir tales observaciones: las rocas eran demasiado antiguas y la escasez de datos sobre un pasado tan remoto no permitía más que hipótesis vacías.

Kai se había especializado en geología estructural, es decir, dirigía su atención a la forma, disposición y orientación de los estratos de las rocas. Él y otros colegas suyos habían llegado a la conclusión de que la complejidad de aquella zona tenía que deberse a que allí se había fracturado un continente, de forma literal, y a que una parte se había deslizado sobre la otra a lo largo de decenas o centenares de kilómetros poco después de que se hubieran formado las montañas. En el área había pruebas de una intensa deformación.

Mi experiencia investigadora podía complementar sus trabajos estructurales, ofreciendo detalles sobre las condiciones térmicas y de presión a las que habían estado sometidas las rocas durante los procesos de alteraciones extremas. Mi especialidad eran los procesos metamórficos: analizaba la composición mineralógica de las rocas para averiguar las temperaturas que habían alcanzado y rastrear los caminos que habían seguido en su curso hacia el manto terrestre. En un laboratorio que contara con microscopios, espectrómetros de rayos X y haces de electrones, podía extraer de las rocas la huella de su viaje a través de vastos periodos de tiempo y distancias enormes, hasta el centro de la Tierra y de vuelta a la superficie. Justo antes de regresar a Estados Unidos, convencí a Kai para que me permitiera estudiar las muestras de rocas que había recogido. Tenía la esperanza de visitar en persona algún día el lugar.

Más tarde trabaría amistad con John Korstgård, un colega de Kai cuyo ámbito de trabajo era también la geología estructural y que tenía amplia experiencia en geoquímica y mineralogía. Los tres formábamos un buen equipo.

Varios años después obtuvimos una beca para viajar a Groenlandia y trabajar juntos sobre el terreno. Durante casi una década compartimos intereses, publicamos unos cuantos artículos y asistimos a congresos para presentar nuestros estudios colectivos ante otros colegas. Sin embargo, con el tiempo nuestra relación colaborativa se fue debilitando, pues tomamos rumbos vitales y profesionales diferentes. A finales de los años noventa, el contacto que manteníamos era ya ocasional y más allá de la investigación realizada en Groenlandia tan sólo nos unía un cariñoso recuerdo.

Sin embargo, en el año 2000 Kai se puso en contacto conmigo para comunicarme, de forma por completo inesperada, que se estaba preparando una nueva expedición. En aquella época, él estaba vinculado al Instituto Geológico de Dinamarca y Groenlandia, que financiaba investigaciones en Groenlandia Occidental. Quería saber si me interesaría unirme a John y a él para realizar una nueva investigación sobre el terreno. Sería una oportunidad para ampliar nuestros estudios previos y trabajar en áreas a las que entonces no pudimos desplazarnos por falta de presupuesto y de tiempo. De pasada, mencionó cierta controversia reciente con respecto a las primeras interpretaciones propuestas por él y sus colegas acerca del significado de la zona de extrema deformación: dilucidar tal controversia también formaría parte de nuestra misión.

Por entonces yo ya no participaba de forma directa en estudios sobre Groenlandia, pero, por interés personal, me mantenía al corriente de las novedades científicas que se publicaban. Estaba al tanto de ciertos artículos que proponían una interpretación contraria a lo que Kai, John y otros geólogos me habían enseñado, pero no les había dado demasiada importancia. Suponía que en ellos sólo se ofrecían hipótesis y que la comunidad científica no los tomaba muy en serio. Ignoraba que hubiera un conflicto personal más profundo entre bambalinas.

Nada deseaba más que regresar a Groenlandia y volver a trabajar con John y Kai, así que acepté la oferta. Habíamos dejado muchas preguntas sin respuesta y durante años aquel recuerdo me había acosado.

De pie junto a la barandilla del barco, contemplando los arrecifes, no podía imaginar que aquél era el comienzo de un viaje que quince años después aún no habría concluido.

Atracamos en una cala próxima a la futura ubicación del campo base; el capitán echó el ancla y dedicamos treinta minutos a descargar el material en un esquife. Tras varios viajes, quedó todo apilado al pie de una peña en la playa.

Nos despedimos del capitán y del oficial con un apretón de manos.

Asentamos el campamento sobre una plataforma estrecha e irregular, paralela a la costa norte del fiordo de Arfersiorfik. Nos hallábamos a quince kilómetros al oeste del manto de hielo, a noventa y cinco kilómetros del asentamiento inuit más cercano y lo suficientemente al norte del Círculo Polar Ártico como para que no fuéramos a contemplar una puesta de sol en varias semanas.

La tarde estaba terminando y soplaba una brisa fría. Me subí el cuello de la parka, hundí las manos en los bolsillos y trepé por una peña hasta la plataforma, para ver partir el barco. Cierta melancolía agridulce me agarrotó cuando el casco azul viró y puso rumbo a la civilización. En su estela desaparecía nuestro último vínculo concreto con el mundo moderno.

En la zona en que nos encontrábamos abundaban los afloramientos ondulantes de roca, las planicies y hondonadas cubiertas de tundra, enormes paredes pétreas y cuernos glaciares. En cierto sentido, me hacía pensar en el valle del Yosemite cuando queda anegado: ese dramatismo, esa austeridad, esa belleza. Olas pequeñas rompían a lo largo de la orilla empedrada, como cadencia sonora de fondo.

El tenue recuerdo que conservaba de mis anteriores y serenas experiencias, filtrado a través de años anhelando el regreso, confrontaba ahora su propia realidad. El agua cristalina del fiordo estaba insoportablemente fría; el rítmico lavado sobre las piedras de la orilla había traído un manto de algas letal por lo resbaladizo; la belleza de lo salvaje no hacía concesiones. La capa de nubes y la soledad que nos envolvían eran absolutas.

Bajé por el peñasco hasta la playa de piedras en la que habíamos dejado las cosas y ayudé a John y a Kai a mover cajas de comida, una radio de emergencia, tiendas de campaña, sacos de dormir, mochilas, martillos, bolsas para muestras y cuadernos: lo imprescindible para las cuatro semanas de expedición. Cuando llegué, John y Kai ya habían dispuesto, según un criterio completamente personal, dónde habría de ir cada cosa y cómo habría de colocarse. Imponíamos un resquicio de orden en aquella región salvaje.

Kai haría las funciones de cocinero. Su envergadura robusta y su aspecto afable hablaban de un respeto jovial por los placeres de la comida. Sonreía a menudo y no dejaba de bromear sobre los manjares que degustaríamos mientras colocaba de manera estratégica bolsas de cebollas y patatas junto a los utensilios de cocina. No quedó una caja de comida por abrir; de todas se evaluó el contenido y se decidió su ubicación en relación con la de la estufa. A los tres nos gustaba cocinar, pero para Kai era una actividad inherente a su espíritu. Dejarle encargado de los fogones redundaba en beneficio de todos.

Nuestro trabajo se dirigía, en gran parte, a las rocas de la orilla, donde la erosión de la marea había sacado a la luz, en superficies lavadas concienzudamente por el agua, los patrones y los minerales que queríamos estudiar. Para ello utilizaríamos una Zodiac, una embarcación hinchable con motor fueraborda que podía atracar con facilidad en playas rocosas. John —de los tres, el más ducho en mecánica— asumió el papel de «capitán» de la embarcación sin objeción alguna. Daba el pego, en realidad, con la barba poblada de tonos grises y negros, y los rasgos precisos y delineados del rostro. Era más alto que Kai y que yo, tenía un carácter un tanto bronco y una expresión que recordaba vagamente a John Gilbert, la estrella del cine mudo: proyectaba ese tipo de autoridad que uno asume pero no reclama. Se cubría la cabeza calva con una sempiterna gorra de béisbol azul y llevaba a todas partes un anorak rojo. Al contrario que Kai, cuyo marcado acento danés delataba su origen, John tenía una voz profunda en la que se descubrían todos los años que había vivido en Canadá, un acento que era la manifestación práctica de la mezcla de culturas. Fue él quien me indicó dónde situar cada caja.

Nuestro hogar consistía ahora en una plataforma rocosa cubierta de tundra, de cuatrocientos metros de largo y sesenta de ancho, contigua a una cresta que avanzaba hacia el oeste cubierta por el hielo. El sol del Ártico en esas horas finales de la tarde descendía hasta el borde del horizonte, apenas capaz de calentar el mundo en penumbras bajo una espesa capa de nubes y una luz macilenta.

Es una liberación saber que el día no va a acabar. Al principio, el reloj interno se ve trastocado y la ansiedad de cuándo dormir o estar en vela puede atacarte los nervios, pero poco a poco te sobreviene una calma inesperada. La dictadura de la oscuridad nocturna, que limita el movimiento y la visión, se suspende. Los relojes y las horas se vuelven lastres innecesarios. La libertad de lo atemporal penetra en la vida. Nos acostumbramos a pasear por las playas a las dos de la mañana, cuando los globos hinchados de las nubes iluminadas por el sol rasero se reflejan en las superficies cristalinas del fiordo. Y a observar a medianoche los zorros árticos que merodean a hurtadillas por la tundra en busca de alimento, visibles sin dificultad alguna bajo esa luz pálida, una experiencia que puede ser adictiva.

Hicimos una pausa para el café cuando terminamos de ordenar el equipaje. Kai puso agua a calentar en un cazo sobre un hornillo Primus, colocado encima de una piedra plana. Mientras esperábamos a que hirviera, cada uno con su taza roja de plástico y una cucharada de café instantáneo, comentamos el abrupto cambio de circunstancias. Hacía sólo veinticuatro horas estábamos en Copenhague, una de las ciudades más sofisticadas del mundo, desde cuyo aeropuerto íbamos a volar a Groenlandia y donde nos encontraríamos con John. Poco antes de reunirnos con él, habíamos disfrutado de un capuchino en una terraza y del gentío y el barullo de turistas del muelle de Nyhavn. Y yo había llegado sólo unos días antes desde San Francisco para ayudar a Kai con los últimos preparativos logísticos. Ahora, aislados del resto del mundo, desgajados de todo lo que un día «normal» puede ofrecer, el significado mismo de *normal* se volvía ambiguo. Comenzaban días de descubrimientos, íbamos a observar lo nunca visto. La emoción se encontraba implícita en cada comentario y en cada carcajada. El agua por fin empezó a hervir, Kai la sirvió en las tazas y el olor acre del café instantáneo salpicó el aire del Ártico.

Había, también, una tensión subyacente.

—Es agradable estar de vuelta —dijo Kai, dejando escapar un suspiro, la mirada puesta en el fiordo. Le brillaba el rostro, encendido por los esfuerzos físicos de la tarde. En la cara de John se dibujó una escueta sonrisa que dejaba constancia de las décadas que habían transcurrido. Miraba en la misma dirección que Kai. Yo asentí y musité un débil «hmmm» de confirmación.

Al otro lado del fiordo, a casi ocho kilómetros de distancia, brillaba una delgada capa de hielo blanca contra los verdes grisáceos y los marrones rojizos de la tundra en la que descansaba. La observamos de forma distraída mientras repasábamos planes y posibles descubrimientos. La conversación llevó a Kai hasta la citada controversia. Bajó la mirada hacia el suelo vegetal y pasó la bota por encima. Latía una emoción áspera en su voz al referirse a las nuevas interpretaciones geológicas que contradecían años de trabajo y las observaciones de campo realizadas por dos generaciones de investigadores. Aludió rápidamente al hecho de que esas conclusiones se basaban en una única expedición sobre el terreno y carecían, por tanto, del estudio profundo y directo que caracterizaba las investigaciones previas. Nuestra misión era, nos dijo, abrir nuevas vías, prestar mayor atención a ciertos lugares y rasgos específicos e intentar resolver el conflicto entre las dos hipótesis contrapuestas.

Le pregunté a qué artículos en concreto se refería. Si bien sabía que en geología había discrepancias en ciertos detalles —como toda ciencia, al fin y al cabo, mantiene su honestidad gracias al debate—, no recordaba ningún artículo que justificara tanta preocupación.

John respondió, con su voz de barítono, hecha para la gravedad, que los había traído consigo y que me los enseñaría más tarde. Después, con una repentina sonrisa, barrió con la mano el aire que teníamos delante. «Creo que ahora es el momento de celebrar que estamos aquí de nuevo».

Comentamos la belleza extraordinaria que nos rodeaba y algunas de las sensaciones que experimentábamos, pero la mayor parte de lo que sentíamos se expresaba con bromas contenidas y asentimientos callados. Las emociones eran demasiado íntimas. Terminamos el descanso y comenzamos a montar las tiendas individuales.

A las once estábamos agotados tras treinta horas de viaje y faena. Nos deseamos buenas noches, fuimos a nuestras respectivas tiendas y nos metimos en los sacos de dormir.

Aunque no tardé en quedarme dormido, me desperté una hora después y ya se me hizo imposible conciliar el sueño, por la tensión y los nervios. Salí del saco, me vestí, me puse el abrigo y las botas y abandoné la tienda. Cogí la mochila que había encajado bajo el toldo impermeable y emprendí el camino hacia la cresta que nos rodeaba por el norte para intentar apaciguar la mente. Los colores resultaban apagados y difusos bajo la tenue luminosidad del sol de medianoche velado por las nubes, pero la grandeza del paisaje no había disminuido.

La tundra ártica, ese irrepetible *collage* orgánico de hierbas, musgos, juncias, plantas enanas y líquenes, a menudo se representa como un espacio sombrío, una monotonía de color y textura. Nada, sin embargo, más lejos de la realidad. El bioma de la tundra florece en una algarada botánica, un caos evolutivo plagado de triunfos y posibilidades, como un terciopelo profundo que relajara los bordes pétreos de un mundo adusto, severo.

El musgo insinúa su presencia en cada espacio disponible. Líquenes negros, blancos y naranjas, de bordes rizados y frágiles, cubren de florituras formales las rocas y ramas expuestas. Los sauces árticos, irregulares y achaparrados, se encuentran desperdigados al acecho de una oportunidad, irguiéndose con callada arrogancia: con sus sesenta centímetros, son las plantas más altas. Flores blancas, rosas, moradas, rojas y amarillas centellean por todas partes como piedras preciosas de vivos colores sobre un fondo de verdes y grises. Matas de hierba algodonera, con sus poblados pinceles blancos sobre tallos endebles de unos veinte centímetros, se alzan con elegante firmeza.

Cada planta despliega sus raíces entre los restos en descomposición de diversos ancestros, un cuerpo boreal vivo que cubre miles de generaciones de detrito orgánico. Se arraciman en los huecos y tapan las rocas y retienen el agua en pequeñas cuencas, alfombrando la frialdad del mundo con una húmeda exuberancia.

En un territorio así el tiempo se detiene. Aquí nadie podría estar seguro de encontrarse en el siglo xxi y no en una Edad de Hielo primigenia. Y la imposibilidad de conformar una noción temporal precisa permea la vivencia del lugar, dislocando la propia percepción hasta conseguir que el intruso considere —tal es mi caso— que, quizá, ha entrado en otro mundo.

Cuando llegué al primer afloramiento de roca, el esfuerzo de sacar a cada paso las botas caladas de la tundra húmeda y densa se había vuelto agotador. Jadeaba, con el corazón palpitando a gran velocidad. Me apoyé contra una pared de piedra de unos seis metros para recuperar el aliento, descansar y hacerme una idea de lo que me rodeaba.

Nada insólito había en esa pared, compuesta por los habituales **gneises** estratificados y recristalizados que tanto veríamos durante las semanas siguientes. Entre los racimos de colonias de líquenes, la roca desnuda se abría a los elementos. Saqué la lupa de bolsillo e inspeccioné el muro aumentado, tachonado de cristales rotos, excavado y esculpido por milenios de hielo invernal y lluvias estivales. Las caras perfectamente delimitadas del cristal y los bordes de la exfoliación modelaban su filo en la superficie redondeada, en la costilla de roca madre que era la cresta.

Trepar hasta la parte superior del muro me llevó un buen esfuerzo y trajo consecuencias. Las puntas de los dedos, las palmas y los nudillos me sangraban durante el ascenso, pese a que, a priori, la dificultad era mínima. Saqué los guantes de la mochila y me los puse en las manos doloridas.

Al terminar el ascenso hasta la plataforma, miré hacia arriba y vi que el risco que había contemplado desde el campamento, creyéndolo la cima, no era más que un repecho por debajo de la verdadera cadena de cumbres, que quedaba aún a más de cien metros por encima. Lo que pensé que sería un corto paseo se había convertido en una caminata bastante seria. Inspiré profundamente, volví a ponerme la mochila al hombro y retomé el camino.

La ruta comenzó a llevarme por la vera de unos remansos en los que corría lenta un agua teñida de taninos marrones, brillantes. Algunos de esos remansos se embalsaban en bancos mullidos de musgo verde y profundo, en los que el agua sonámbula apenas se inmutaba cuando unas leves corrientes entraban o salían. Otros no eran más que ligeras depresiones en una superficie saturada de vegetación. No podía quitarme de encima la inquietante sensación de acceder a unos jardines privados, construidos por seres invisibles sin otro propósito que dedicarse en ellos al placer de la meditación.

Mariposas, arañas y enormes abejorros aparecían de la nada, revoloteaban y desaparecían al instante. Criaturas voladoras trasteaban veloces de una flor a otra, imprimiéndoles un momentáneo movimiento con el batir de sus alas. Pero, salvo por el abejorro, cuyo zumbido adquiría un intenso volumen si te acercabas a él, todos los visitantes eran silenciosos.

Los chochines iban y venían, inquietos ante mi presencia. Salieron de sus escondrijos en la tundra para intentar distraer mi atención, asustados y preocupados porque fuera a saquearles sus nidos. Nada tenían que temer: yo habría sido incapaz de encontrar sus exquisitas urdimbres de hierba y ramas.

A medida que avanzaba, subiendo dos nuevos repechos y recorriendo las extensiones intermedias de tundra, empecé a lamentar el impacto de mis botas sobre un lugar tan delicado. Cada nuevo paso me parecía una intrusión que perforaba miles de años de crecimiento inalterado en un instante breve y violentamente invasivo. La culpa me hizo darme la vuelta para observar el destrozo. Comprobé con asombro que no había nada que ver. Todas mis pisadas imponían sobre ese mundo húmedo, inundado, la presencia de un mortal errante, exponiendo por un momento sus detalles más íntimos a una luz que no habían conocido en siglos, pero se ocultaban de nuevo en cuanto levantaba la bota y la masa sumisa recuperaba su forma original. En ese mundo, yo tenía tanta relevancia como la brisa de la tarde.

Mi primera impresión fue que la posibilidad de la vida en tales latitudes desafía toda razón y toda lógica. Pero conforme asumía la insignificancia de mi presencia, se me hizo evidente que era la dureza y la tenacidad del mundo vivo lo que desafiaba la razón y la lógica del lugar. Los patrones de pensamiento, parciales, patrimonio de otros contextos, aquí no eran más que un ruido cósmico de baja intensidad, un siseo de fondo. Aún no había alcanzado a comprender la magnitud de mi ignorancia.

Tardé tal vez treinta minutos en llegar hasta la última pared de roca. Cansado, empapado en sudor, resoplando y con las piernas doloridas, escalé los últimos diez metros del afloramiento.

La cresta era una plataforma ligeramente redondeada, ancha, casi yerma, de gneises blancos y grises, cubierta por ínfimos líquenes. Trepé hasta la cima y levanté la vista.

Me quedé sin aliento. De horizonte a horizonte, a lo largo de unos ciento cincuenta kilómetros, la naturaleza más prístina descansaba en silencio, en exquisita vulnerabilidad. Atónito, con los brazos extendidos en señal de sumisión, me di la vuelta poco a poco, intentando asumir la magnificencia del paisaje. Empecé a derramar el enjambre de emociones —tristeza, alegría, agradecimiento, humildad, angustia— que fluían en mi interior.

Me giré hacia el este y me sorprendió ver que las nubes terminaban allí donde lo hacía la tierra, donde ésta quedaba sumergida bajo el manto de hielo. Algún misterioso fenómeno atmosférico sentenciaba que, en aquellas condiciones, las nubes que se extendían sobre mar y tierra se deshacían justo por encima de los reflejos de la superficie helada. El cielo de un intenso azul oscuro cubría el hielo, absorbiendo la luz cegadora, blanca, de la superficie agrietada.

De norte a sur, el filo agudo del frente de hielo zigzagueaba por la tierra, marcando una frontera serrada entre mundos, entre expectativas en conflicto. Los acantilados blancos y azulados se erguían decenas o cientos de metros a lo largo de varios kilómetros y a su término aparecían, de forma gradual, colinas y valles de hielo al encuentro indiferente de la superficie rocosa.

Hacia el norte, el oeste y el sur, por el contrario, el paisaje era un mosaico de fiordos, lagos, ríos y montañas. El cielo gris se reflejaba en la multitud de meandros que surcaban el terreno ensombrecido, que se levantaba y caía formando un patrón de crestas paralelas, de paredes empinadas. Los salientes de roca madre esculpidos por el hielo apuntaban hacia el oeste, hacia el estrecho de Davis que delimitaba el horizonte occidental, y la continuidad de los accidentes geográficos le daba a la escena una sensación de movimiento, como si se hubiera desencadenado alguna forma secreta de dinamismo, incluso si la quietud era total.

Hacia el sur se encontraba el fiordo por el que acabábamos de navegar. Como el resto de fiordos de la zona, era una abrupta angostura de roca desnuda, de paredes de cientos de metros de altura que encajonaban el flujo del agua en canales estrechos. En algunos lugares alcanzaba los ocho kilómetros de ancho, en otros no superaba los cuatro. Aunque nuestro campamento se hallaba en la misma orilla, quedaba oculto a **sotavento** del primer repecho por el que había trepado.

Me quedé un tiempo inmerso en la ensoñación de que nadie más existía aparte de mí, de que la única alma humana del mundo se encontraba sobre aquella cresta, hipnotizada ante aquel mundo salvaje. Y, aún inmóvil, sentí una vaga inquietud añadida, que reaparecería con frecuencia durante todo el tiempo que pasé en Groenlandia. No se trataba de un sentimiento concreto de tristeza; era, más bien, el callado anhelo de las cosas para las que la humanidad no tiene palabras, cosas en las que abunda la naturaleza virgen. Tenía una sensación de oportunidades perdidas, de incapacidad para conectar con algo mucho más profundo, como si aquello en lo que me hallaba sumergido brillara incomprensiblemente en el límite de la visión.

Hace más de diez mil años, al final de la última glaciación, todo este territorio se encontraba oculto bajo centenares de metros de hielo. Cada valle y cada cresta hoy visible, cada loma y cada desfiladero, fueron el lecho de un mar moroso de agua helada. Era un territorio joven, heredado, conformado en la molienda de hielos antiguos. Cuando los glaciares se retiraron, dejando al descubierto la roca madre, la vegetación avanzó por el terreno esculpido. Estación tras estación, conforme la flora nacía, se marchitaba y moría, de forma lenta e incesante, los restos vegetales hallaron anclaje en las grietas que había creado el hielo, el liquen se adhirió a las rocas desnudas y la materia orgánica encontró acomodo en las concavidades y las irregularidades, abriéndose a un futuro imposible de imaginar. En ese futuro se encontraba, entre otras cosas, nuestro pequeño campamento.

Es posible que durante aquellos primeros años de vegetación en expansión caminaran sobre estas lomas y crestas el hombre de Neandertal y el reciente hombre de Cromañón, tal vez en busca de alimento, tal vez en incursiones de reconocimiento del terreno. Las probabilidades de que aquellos seres se asentaran en un lugar tan inhóspito son, sin embargo, escasas: el mundo al sur, al otro lado de mares más cálidos, era mucho más hospitalario. No obstante, al contemplar aquellas paredes de hielo me resultaba difícil no imaginar a los primeros humanos tratando de sortearlas.

Era un paisaje que desafiaba toda comprensión. Nada de familiar había en él. La ausencia de árboles, de casas y calles, de coches y gente, la falta de movimiento de cualquier tipo, todo ello contribuía a la sensación de caminar en absoluta soledad por un mundo extraño, algún planeta distinto a la Tierra en el que las fuerzas y los procesos se guiaran por reglas distintas.

Cuanto más tiempo pasaba allí, más intenso era el conflicto entre la experiencia concreta del lugar y lo que recordaba de Groenlandia. Como entonces, una profunda sensación de serenidad se adhería a todo lo presente: había unidad de acción y sustancia, un despliegue ininterrumpido que lo conformaba todo y lo llenaba de color. Y, sin embargo, tenía la sensación de que algo no encajaba.

Entonces pasó zumbando junto a mí un abejorro, se alejó hacia el valle y desapareció, y se me hizo evidente dónde había que buscar la desconexión. Pese al dinamismo del mundo que me rodeaba, el silencio era completo, profundo. De repente, comprendí que había olvidado el mutismo del lugar.

Una ligerísima brisa me acarició la cara, pero yo era incapaz de oír nada. Los ríos lejanos corrían y en sus superficies se apreciaba la vaga vibración de un movimiento, pero de ellos no emanaba ruido alguno. Me giré en todas las direcciones, al acecho de algún sonido, y no lo había.

Lo que escuchaba era la naturaleza primigenia del mundo. Hace cuatro mil millones de años, la superficie desnuda de los primeros territorios emergidos del planeta carecía de sonido, con la rara excepción de algún vendaval furioso o la erupción de un volcán. De igual modo, el silencio persistiría en el océano y en el aire, salvo allí donde los mares asaltaban los márgenes continentales y las olas se deshacían sobre las arenas erosionadas. De hecho, durante la mayor parte de la historia de la Tierra, el silencio lo había dominado todo.

Con la aparición de los animales, hace más de seiscientos millones de años, empezó a alterarse esa condición silente. El *glu glu* de ciertos peces, el zumbido de las abejas, el rugido y el bramido de los dinosaurios, el canto de los pájaros, el relincho de los caballos y, por fin, el habla y las canciones de los seres humanos. La vida trajo a la superficie del mundo un rumor, cada vez más complejo, cada vez más alto, que ha culminado en el estruendo constante de nuestras ciudades.

Si hubiera gritado desde allí arriba el sonido habría sido engullido por la inmensidad de lo salvaje. Me encontraba frente a un mundo de una antigüedad inconcebible, que se aferraba al carácter casi derrotado de lo que una vez fue, que existía como enclave vestigial, que cantaba en silencio la canción de nuestros orígenes. En ese vasto e inimaginable paisaje se nos invitaba a aceptar cualquier cosa, a aceptarlo todo.

Me quedé en la cima tanto tiempo como pude, tratando de encontrar un camino que silenciara mi mente. Pero las manos y los pies me dolían del frío y empezaba a vencerme el cansancio. Arropado por el manto de la naturaleza virgen, me encaminé de vuelta al campamento. Me concentré en escucharlo todo.

A la mañana siguiente, antes de dirigirme a la tienda que nos serviría de cocina, bajé al fiordo para escuchar el sonido del agua lamiendo la orilla, buscando un vínculo con el mundo que parecía haber dejado atrás. No había viento; la superficie del agua relucía como el cristal. El ligero oleaje que ondeaba con suavidad sobre el mar no removía un solo grano de arena. Todo el sonido existente procedía de mí.

Caminé hasta la tienda y me senté a tomar café y el primer desayuno de tantos que darían comienzo a las jornadas de investigación en compañía de Kai y John. Repasamos las cajas de comida en busca de posibles tentaciones, cada uno adjudicándose su propia mezcla de pescado ahumado y enlatado, avena, muesli, leche en polvo, pan, azúcar y jamón. No mencioné la caminata del día anterior mientras comíamos y planificábamos la jornada. No era el momento de confesarle a nadie mi querencia por los paseos solitarios.

ESPEJISMO


Nuestra misión consistía en observar y recoger muestras de cuanto pudiera narrar la historia del territorio: cristales elongados, estratos de roca deformados y plegados o cualquier otro indicio de movimiento tectónico; indicios que, al ubicarlos en un mapa, nos permitirían esbozar una primera línea temporal. Enviaríamos las muestras al laboratorio, y allí, más tarde, intentaríamos reconstruir otros aspectos de la misma historia: qué temperatura alcanzaron las rocas, a qué profundidad se encontraban cuando se produjo la deformación… Combinando las observaciones sobre el terreno y los resultados de las pruebas, obtendríamos el contexto factual de acontecimientos que tuvieron lugar hace miles de millones de años.

Las montañas perdidas que proyectábamos sobre Groenlandia se alzaban como mera posibilidad, interpretación tentativa de unos pasajes escritos sutilmente en las intrincadas disposiciones y formas de las rocas, que coincidían con las observadas en los Alpes y el Himalaya y que parecían hablar de enormes cabalgamientos, plegamientos de proporciones inmensas, metamorfismo en condiciones extremas. Mediante la inspirada fuerza de la analogía, Kai, John y los geólogos que les precedieron habían aventurado que el territorio groenlandés era un antepasado remoto, un precursor, de los jóvenes sistemas montañosos que hoy elevan su dramatismo sobre la piel de la Tierra. Ancestros desaparecidos hace tiempo, borrados por el hambre inagotable con que fluye el agua, con que sopla el viento, con que avanzan los hielos, hasta lograr una suerte de equidad topográfica entre el mar y la tierra. La erosión siempre vence.

Las primeras hipótesis acerca de unas montañas perdidas habían aparecido años atrás, poco después de que finalizara la Segunda Guerra Mundial, cuando en Dinamarca se fundó el Instituto Geológico de Groenlandia (GGU, por sus siglas en danés). Bajo su amparo, un pequeño grupo de geólogos, en el que se encontraban Arne Noe-Nygaard y Hans Ramberg, comenzó a estudiar sistemáticamente la costa oeste de Groenlandia, recorriendo su accidentado contorno en barcas de motor reforzadas para resistir las colisiones contra el hielo. Encontraron un cinturón de rocas de más de trescientos kilómetros de ancho que conservaba indicios de múltiples y complejos episodios de deformación extrema, prolongada. Lo llamaron el cinturón móvil de Nagssugtoq; *móvil* porque las estructuras en que las rocas se habían contorsionado implicaban una plasticidad y fluidez considerables, y *Nagssugtoq* por el nombre de la región que atravesaba. Cruzaba Groenlandia de este a oeste. Parecía representar un proceso orogénico a gran escala, pero el cómo y el porqué de tal formación seguía siendo un enigma. La región se dividía transversalmente en varias zonas diferenciadas, cuyo ancho variaba de unos pocos kilómetros a varias decenas, y en ellas las rocas presentaban una inclinación abrupta y un alineamiento constante en la misma dirección. Durante años, el sentido de esas áreas de rocas alineadas fue un misterio, como lo fue su significado tectónico. Hasta que a finales de los sesenta y principios de los setenta Arthur Escher y Juan Watterson, entre otros, señalaron que en cada una de esas zonas las rocas presentaban severas fracturas de **cizalla**, resultando en capas y estratos muy inclinados. Así, a cada zona individual se la llamó «zona de cizalla» y se las distinguió entre sí por el nombre de las regiones en que se localizaban: Isortoq, Ikertoq, Itivdleq y Nordre Strømfjord. Fue a esta última, la zona de cizalla de Nordre Strømfjord (NSSZ, por sus siglas en inglés), a la que mayor atención se prestó, pues marcaba el extremo septentrional de todo el cinturón móvil de Nagssugtoq y era, además, la única que se había observado sobre el terreno, al borde mismo del hielo; todas las demás habían sido perfiladas desde el barco y se desconocían las dimensiones que alcanzaban en el interior del continente.

La geología no suele considerarse una empresa de dramáticas zozobras. Las rocas aguardan imperturbables el momento de su inspección, se ofrecen a la consideración

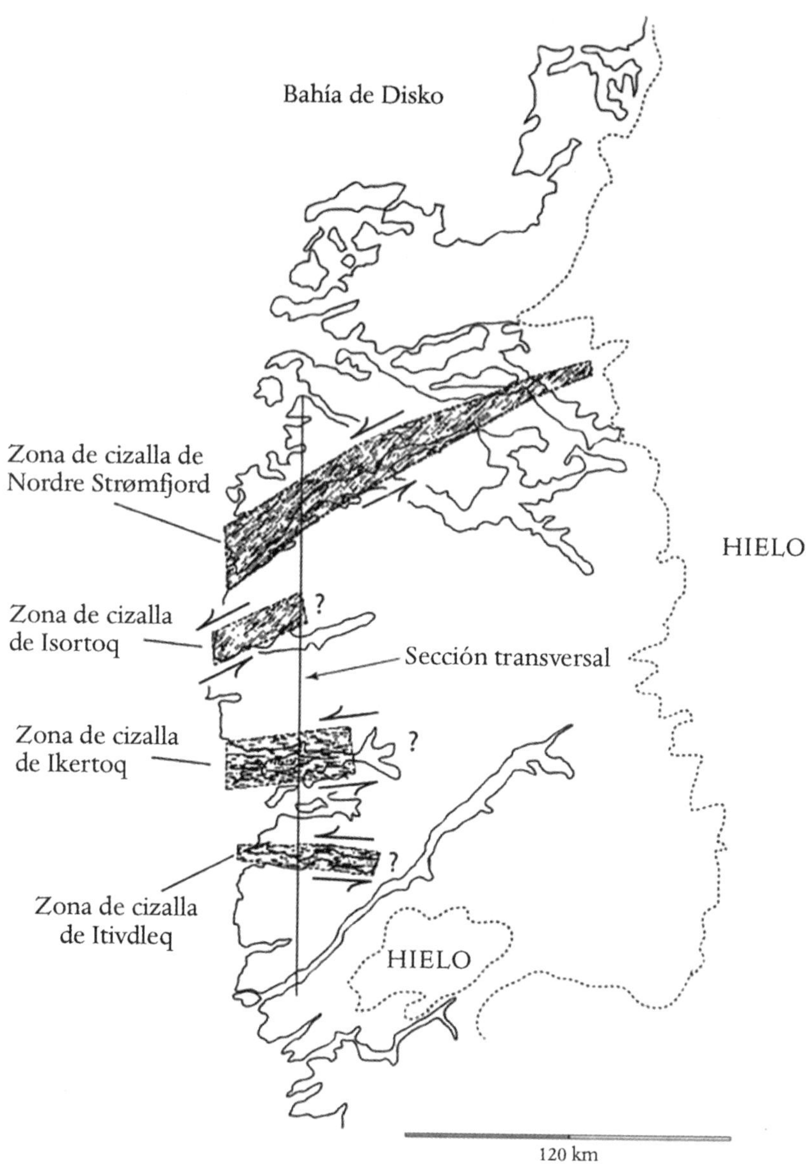



*Zonas de cizalla de Escher y Watterson. Las flechas muestran la dirección del movimiento a cada lado de las zonas, según sus deducciones. La línea vertical muestra la ubicación de la sección transversal de la imagen de la página 67. Modificado a partir de un dibujo de Kai Sørensen.*

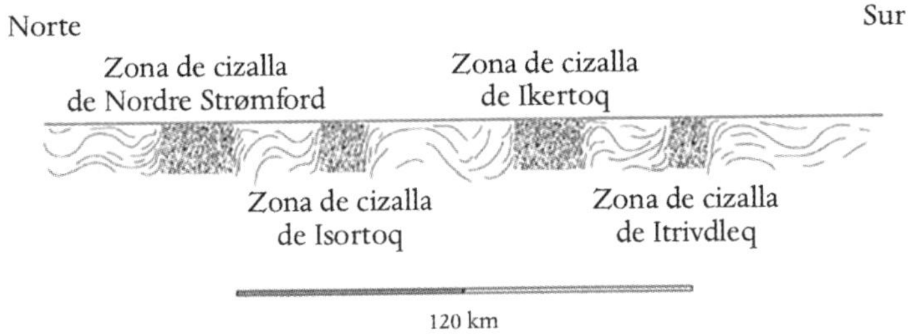

Norte                                              Sur

Zona de cizalla          Zona de cizalla
de Nordre Strømford       de Ikertoq

Zona de cizalla          Zona de cizalla
de Isortoq               de Itrivdleq

120 km

*Sección transversal, hacia 1976, que muestra cómo las zonas de ciza-
lla interrumpen la estratificación, por lo demás bastante uniforme,
en las rocas del mapa de la página 66.*

paciente y profunda que saque a la luz el rastro de su evolución. Su ritmo es, en fin, glacial. Sin embargo, hay momentos en los que la perspectiva se altera radicalmente,
emergen nuevas líneas argumentales y la Tierra misma
parece erizarse por sorpresa.

Algo así sucedió en 1987, año en el que los estudios
geológicos groenlandeses se vieron trastocados por completo. Fue, en realidad, un cambio sutil, pero sus consecuencias resultaron enormes para todas las partes invo-
lucradas. Ocurrió cuando Feiko Kalsbeek, Bob Pidgeon
y Paul Taylor informaron del hallazgo, en los confines
septentrionales del cinturón móvil, cerca del hielo continental, de vestigios del mismo tipo de roca que hoy pueden encontrarse en los Andes y en la cordillera de Sierra
Nevada en California[3]. Unos restos dos mil millones de

---

[3] F. Kalsbeek, R. T. Pidgeon y P. N. Taylor, «Nagssugtoqidian Mobile Belt of West Greenland: a Cryptic 1850 Ma Suture Between Two Archaen Continents-Chemical and Isoto-
pic Evidence» [El cinturón móvil de Nagssugtoq, Groenlandia Occidental: la desconocida
sutura de hace 1850 millones de años entre dos continentes del Arcaico, indicios químicos e isotópicos], en *Earth and Planetary Science Letters*, n.º 85, pp. 365-385.

años más antiguos que parecían indicar que lo que actualmente ocurre en los Andes ya había sucedido en Groenlandia. En los Andes, el continente de América del Sur se desplaza hacia el oeste, sobre el fondo del océano Pacífico, empujándolo a cientos de kilómetros por debajo de la superficie. Cuando el fondo oceánico se acerca al interior incandescente de la Tierra, provoca seísmos de enorme capacidad destructora, se funde parcialmente y hace que surjan masas de roca líquida que regresan con lentitud a la superficie. Los propios volcanes de los Andes y la cadena montañosa en la que se encuentran son el resultado de tal proceso. Así, si la analogía era correcta, en algún lugar del cinturón móvil de Nagssugtoq habrían de existir indicios de un océano perdido que aún no habían sido descubiertos.

Kalsbeek y sus colegas eran conscientes del interrogante que se les planteaba y propusieron como hipótesis que el océano habría desaparecido en la colisión de dos pequeños continentes. Explicaban de ese modo el cinturón móvil y las enormes zonas de cizalla que lo conforman, en cuyas estructuras se apreciaba la intensa deformación esperable de un encuentro frontal entre dos continentes. El problema era que no existían grandes indicios de colisión en ningún lugar: era imposible identificar dónde terminaban las rocas del supuesto continente sur y dónde empezaban las del supuesto continente norte. Y por si las incertidumbres fueran pocas, había que tener en cuenta el debate subyacente que cuestionaba la validez de la teoría de la tectónica de placas para una época tan remota.

Las áreas en que John, Kai y sus colegas trabajaron se revelaban cruciales para responder a tales interrogantes. Algunas de las pruebas que recabaron sugerían que ésa era la ubicación de la zona de colisión, donde se produjeron los movimientos y deformaciones extremos.

El número de personas que estudiamos la historia de la Tierra no es demasiado grande en comparación con la inmensidad del terreno que explorar. Lo que se sabe es muy escaso. Dada la enorme extensión de las tierras emergidas, quienes intentamos desentrañar la historia y la evolución de los territorios dedicamos todo nuestro tiempo a explorar los matices y las sutilezas presentes en un enclave concreto. Los hay que pasan la vida inmersos en la historia del sistema alpino, escalando y recorriendo la belleza de las montañas. Hay quien acaba perteneciéndole al Himalaya, o a las vastas superficies de roca desnuda del macizo del Labrador, en Canadá. Para John, para Kai y para mí, el lugar ineludible es Groenlandia.

Es inevitable que el compromiso con ese espacio singular adquiera un carácter personal: el tiempo que pasamos recorriendo ese fragmento de la Tierra que nos cautiva afecta a la propia identidad. El lugar permea el ser, el terreno se incrusta bajo las uñas, se enreda en el pelo, hace que la piel sangre, deja cicatrices en el corazón, en la mente. Cada pensamiento, consciente o no, queda atravesado por la experiencia del lugar: los paisajes recordados se insinúan por sorpresa en los momentos en que menos los esperamos, de maneras insospechadas, y no tenemos más remedio que asumir la misteriosa relación entre lo que allí experimentamos y lo que ahora vivimos. Los sitios en los que hemos estado y aquello que hemos contemplado nos conforman.

John y Kai pertenecen a la primera generación que investigó de forma seria la historia de la isla. Fue la generación que detalló las características definitorias de su parte «móvil»: el plegado y la estratificación, las discontinuidades y las deformaciones. Durante años, localizaron los elementos tectónicos más importantes y demostraron el desplazamiento de varias de las zonas de cizalla a lo largo de kilómetros. Publicaron artículos influyentes en revistas científicas y recibieron, gracias a sus investigaciones, el estatus de autoridades en la materia. Nadie conocía el terreno mejor que ellos. Sin embargo, su reputación como geólogos de campo y científicos fue puesta en entredicho a finales de los noventa por un artículo que decía, básicamente, que el trabajo que habían realizado era por completo erróneo.

Nuestra expedición la conformaban varios equipos pequeños, todos enviados por el Instituto Geológico, sobre un terreno muy amplio. Se había establecido que contactaríamos por radio con la estación base de Aasiaat cada mañana y cada tarde, de forma que, en caso de emergencia, el helicóptero pudiera salir de inmediato. Aquélla fue la primera y la última expedición en que se utilizó la radio, pues en los años posteriores no habría más equipo que el nuestro y el mantenimiento de una estación base resultaba injustificable. Era la segunda tarde que pasábamos en el campamento y ya nos enfrentábamos nada menos que a una crisis de identidad: llegaba el momento en que tendríamos que identificarnos por radio y aún no teníamos un nombre. Éramos los últimos sobre el terreno y seríamos también de los últimos en abandonarlo. Todos habían elegido ya su nombre: necesitábamos algo original.

A toda prisa, antes de iniciar la transmisión, tratamos de pensar algo ingenioso. Llegó el momento y John y yo miramos a Kai y nos encogimos de hombros. Kai frunció los labios, pulsó el botón del micrófono, dudó y entonces dijo: «Aquí Equipo Alfa a base, cambio».

Hubo un silencio en la línea; después nos respondió la base: «Adelante, Equipo Alfa. ¡Bienvenidos!».

Cuando cortamos la comunicación, le preguntamos a Kai por qué nos había designado Equipo Alfa. Nos respondió que se había dado cuenta de que, de todos los que habíamos aterrizado en Groenlandia, éramos los más viejos. Eso nos convertía en los machos alfa.

Más tarde, en el interior de la tienda para cocinar, revisando proyectos y previendo dificultades mientras Kai preparaba un pollo —la última carne fresca que probaríamos en varias semanas— me referí a los comentarios de la tarde anterior, esos que me habían parecido tan cargados de emociones difíciles. En un instante, el ambiente se volvió más serio. John miró a Kai y Kai asintió. John rebuscó entre el alijo de material de lectura y me entregó un artículo de diecisiete páginas publicado cinco años antes.

El artículo aseguraba que Kai y John, entre otros, habían cometido errores graves, casi de principiante, en la interpretación de las rocas. Según aquel texto, en la zona de cizalla de Nordre Strømfjord apenas se apreciaban indicios de desplazamientos importantes. Decía que en el marco de una interpretación colectiva errónea, un rasgo en esencia trivial había sido elevado a la categoría de prueba irrefutable para demostrar episodios tectónicos masivos. La denominación «zona de cizalla» había desaparecido de los mapas y la habían remplazado por «cinturón fijo».

Toda disciplina científica conlleva un problema irresoluble: cuanto podemos conocer es, en el mejor de los casos, una simplificación de lo real y, por ello, intrínsecamente erróneo. Todo lo que hacemos requiere corrección; nada de lo que publicamos es por entero cierto. Los científicos somos conscientes de que nuestros escritos serán mejorados por quienes nos sucedan, que las preguntas del mundo serán respondidas de nuevo con observaciones más matizadas y sutiles. Supone un honor, en realidad, formar parte de ese continuo modelado de la historia de la evolución del planeta. Sin embargo, en el caso del artículo que tenía entre manos, era difícil no percibir que se trataba de una enmienda a la totalidad del trabajo de Kai y John.

Cuando llevaba leída la mitad del artículo, más o menos, me detuve para preguntarles si estaban de acuerdo con lo que se decía, si reconocían haberse equivocado en sus interpretaciones geológicas. «¡Claro que no!», me respondieron. Primero hablaron con una calma disciplinada. Después, sin embargo, empezaron a señalar con creciente alteración las numerosas contradicciones y los errores del artículo, fallos esenciales e interpretaciones erróneas que sobrepasaban aquellas otras que el artículo había querido, de manera tan imprecisa, poner en evidencia. Sin embargo, sólo aquellos que estuvieran materialmente familiarizados con las rocas en cuestión podrían saberlo.

Kai me hizo fijarme en una foto en blanco y negro en la que aparecían estratos horizontales en la pared de un acantilado. Según el artículo, se trataba de una geología de gneises estratificados de manera horizontal, lo que implicaría que su estructura era incompatible con el modelo de formación por cizallamiento, cuyos patrones de inclinación son casi verticales. «Tú has estado ahí, Bill. ¿No te acuerdas? ¡No son estratos horizontales!».

En un primer momento fui incapaz de recordar la ubicación de las rocas. Kai me refrescó la memoria al contarme que las habíamos visto en la primera expedición a Groenlandia, cuando fuimos a estudiar el límite de la zona de cizalla. Entonces me inundaron los recuerdos.

Habíamos acampado a la orilla de un golfo en la costa sur del fiordo de Nordre Strømfjord. Para una primera toma de contacto con la geología sobre la que trabajaríamos, Kai nos llevó a recorrer el terreno en dirección opuesta al fiordo, hacia el territorio en los alrededores del extremo sur de la zona de cizalla. Todas las rocas de la zona eran gneises con franjas de estratificación, claras y oscuras, de diferente grosor: algunas de pocos centímetros y otras de varios metros. Todos los estratos estaban dispuestos en dirección este-noreste y una inclinación casi vertical. Atravesamos la zona de estratificación hacia el sur. Ya que no había camino abierto, seguimos el curso de los riachuelos por el fondo de cuencas con suaves pendientes; una de ellas rodeaba la pared del acantilado que aparecía en la foto del artículo por su lado oeste. Según caminábamos por la cresta, alcanzamos a ver que en la superficie desnuda aparecían franjas claras y oscuras bastante inclinadas, aunque perdiendo verticalidad. Kai nos detuvo y nos indicó que cuanto más al sur fuéramos, menos inclinada sería la estratificación. Nos encontrábamos en el extremo meridional de la zona de cizalla, el lugar en el que las franjas claras y oscuras rotaban y se retorcían progresivamente hasta que su orientación resultaba paralela al tejido principal de la parte central del cinturón tectónico. Así, el motivo por el que la estratificación parecía horizontal en la pared fotografiada del acantilado era que la cara del acantilado discurría paralela a la dirección de los estratos y no a través de ellos, en cuyo caso sí podría apreciarse la abrupta inclinación.

En cualquier clase de Introducción a la Geología te enseñan que, cuando estás sobre el terreno, has de observar y realizar meticulosas mediciones para comprender lo que tienes delante. La tierra que recorremos es una superficie tridimensional en la que se entrecruzan cuerpos geológicos complejos. Conocer la verdadera forma de las estructuras exige perseguirlas por montañas y valles, ubicarlas, tocarlas, dedicar todas nuestras capacidades perceptivas a identificarlas en la superficie de la tierra y en las formas de las rocas. Era evidente que la fotografía la habían sacado desde lejos, probablemente desde algún promontorio con buenas vistas de la costa o desde un barco; era evidente, por tanto, que el fotógrafo no se internó en el territorio en el marco de una expedición científica con ánimo de verificar una interpretación.

Sin embargo, dado el funcionamiento de las cosas en el seno de la comunidad científica internacional, las investigaciones publicadas por Kai y John habían quedado de repente desprovistas de valor y podían considerarse un ejemplo más, entre miles, de planteamientos científicos errados.

Cuando terminé el artículo y empezamos a reflexionar en grupo sobre la encrucijada científica en que nos encontrábamos, comprendí la frustración y la angustia que debían de sentir mis compañeros. Conocía a los dos muy bien desde hacía años; los había visto deliberar y debatir, examinar datos y análisis, discutir ideas contradictorias. Sabía de su capacidad para pensar de forma crítica y profunda. John era una mente analítica que verificaba la información siempre a través de la lógica, los datos y el rigor. No era, en absoluto, un científico descuidado. Y Kai era un pensador poderoso que había trabajado muy duro y durante mucho tiempo para ensamblar retazos de información y convertirlos en conceptos y modelos que pudieran explicar sistemas montañosos enteros. Había estudiado a los maestros de la geología, a todos los que habían dado un nuevo impulso a nuestra comprensión de la evolución de la Tierra. Era capaz de ver patrones y relaciones que a cualquier otro le resultarían, de entrada, vagos y equívocos. Su capacidad para hilvanar y formar un tejido único era extraordinaria. Pensar que cualquiera de esos hombres pudiera haberse equivocado hasta tal punto en su formulación conceptual iba en contra de todo lo que sabía de ellos.

Como marco teórico oficial para nuestra expedición propusieron —hasta ahí llegaba su rigurosidad científica— la búsqueda de datos que pudieran resolver el conflicto. Me habían invitado, por tanto, a la exploración de preguntas que consideraban aún sin respuesta. Y no me cabía duda de que ésa era la justificación subyacente de la empresa. Sin embargo, era obvio que en ella también estaba en juego su propia reivindicación como científicos.

La mañana estaba en calma, perfecta para la primera jornada de trabajo tras una noche dedicada a los desgarros de la honestidad. Aunque el sol refulgía en el cielo azul intenso, la temperatura del aire era gélida. Navegábamos en la Zodiac por las aguas interiores del fiordo, Kai y yo sentados en la proa, uno junto al otro para defendernos del viento. Me cubrí la cabeza con la capucha del anorak y me puse los guantes. El agua se abría hacia los lados, centelleaba y reflejaba la luz del sol, ribeteando la superficie especular. John aceleraba y la lancha rugía.

Nos dirigíamos al extremo norte de la zona de cizalla de Nordre Strømfjord, cuyos contornos y accidentes habían sido esbozados años atrás. Se trataba, sin embargo, de una región tan remota y de tan difícil acceso que tales esbozos carecían de precisión y detalle. En los mapas, el límite aparecía firmemente delineado con tinta negra, pero éramos conscientes de que nadie había estado jamás en él.

Habíamos optado por aquél como primer destino porque queríamos tener una referencia tectónica, una ubicación en la que pudiera verse y sentirse la textura, la composición de la roca. Algo que pudiéramos cuantificar y analizar, que permitiera medidas y comparaciones posteriores. Nuestro objetivo era la precisión, y para ello necesitábamos un punto de partida claro.

Surcando las aguas translúcidas, los tres teníamos la mirada clavada en el fiordo. El ruido de la lancha no impedía que nos sobrecogiera la belleza del lugar: las colinas que buscaban perezosamente el mar, los arroyos precipitándose en cascadas floridas desde la roca, la quietud del paisaje. Tuvimos que hacer un esfuerzo para centrar la atención en la pared sur, en los rastros de la cizalla en la enorme extensión de gneises plegados.

De improviso, mientras observábamos las abruptas paredes, algo pareció deslizarse hacia el oeste, por las aguas del fiordo, como si huyera de ellas. Me giré para verlo mejor, pero lo único que encontré fue mi propia confusión. Al principio pensé que eran mis ojos, llorosos por el viento helado, los que deformaban el paisaje de ese modo, pero tras frotármelos varias veces entendí que algo extraordinario había comenzado a bailar sobre el horizonte.

En la parte norte del fiordo, el terreno se abría amplio, ondulado. Suaves elevaciones se dirigían al agua en una sutil cascada de lomas rocosas y hondonadas de tundra. Era un territorio que invitaba a la ensoñación. Bajo la luz tenue, temprana, de la mañana, parecía un escenario casi pastoril.

Sin embargo, hacia la entrada del fiordo, al oeste, una franja gruesa, horizontal, de un intenso azul turquesa recorría el terreno, como si un pintor gigante hubiera empapado una brocha y hubiera intentado segar el suelo con ella. El azul era brillante, una destilación cromática pura. Parecía extenderse unos cuantos metros en el aire, a kilómetros de distancia de la tierra. En su interior flotaban columnas verticales blancas, grises, marrones, verdes, saludando al mundo como los rascacielos de una ciudad lejana, una Oz de resplandeciente azul sobre las aguas gélidas del fiordo. Hacia el norte y el este, el azul se estrechaba en una línea, del grosor de una aguja, que se desvanecía en un último punto intenso, aguzado, como el filo de una cuchilla de afeitar atravesando esas mismas colinas onduladas.

Todos lo veíamos. Conforme navegábamos, inmensos bloques de roca se separaban y se sumergían en la franja azul, convirtiéndose en nuevos rascacielos flotantes. El tamaño de los bloques parecía gigantesco, kilómetros de ancho y cientos de metros de alto. Se sumían lentamente en el fiordo y modificaban su forma original de columnas angulares en esbeltas elongaciones llenas de texturas y disposiciones, sin culminar nunca en una forma constante o estable. Terminaban por desaparecer, poco a poco, evaporándose como una neblina. El efecto llegó a resultarnos demasiado inverosímil, increíble. John detuvo el motor, la proa cayó, el rugido de la lancha se detuvo y nos dejamos llevar por la marea.

Sentados e inmóviles, guardamos silencio durante varios minutos, absortos ante aquella *fata morgana* mientras la Zodiac giraba despacio, a merced de la delicada corriente.

A pocos centenares de metros hizo su sutil aparición una isla, un montículo rocoso no muy abrupto cubierto de musgo, arbustos y liquen. En nuestro mapa no era más que un diminuto punto de tinta, cuya presencia habría pasado inadvertida a todo aquel que no fuera en su busca. Estaba a punto de interponerse entre nosotros y el espejismo, y lamentamos la probable desaparición de un espectáculo tan maravilloso.

Nuestro error se reveló en el momento en que la banda azul atravesó, para sorpresa de todos, la pequeña isla. Fue un efecto de precisión quirúrgica, tan veloz que no nos dio tiempo a comprender la contradicción entre las expectativas y la experiencia. De repente, como si quisiera enfatizarla aún más, la isla nos mostraba sus dos mitades: una superior y otra inferior, separadas por una línea azul turquesa fina y brillante.

Yo no daba crédito a lo que veía. Las repercusiones eran obvias e ineludibles. Lo que parecía inmenso y lejano, situado a varios kilómetros a la entrada del fiordo, no era más que un minúsculo espejismo, del grosor de un lapicero, que se sostenía en el aire como una mariposa ante nuestras narices y casi al alcance de la mano, en algún lugar entre la lancha de goma y la ligera protuberancia rocosa del islote.

En ese momento, aquello que creímos cierto por haberlo visto en compañía de otros, se volvió repentina e inequívocamente falso, un error compartido. Lamentamos no poder darnos el lujo de resolver el enigma; no teníamos tiempo. Nos quedaba un largo camino por recorrer hasta el destino elegido, donde nos aguardaba información que necesitábamos desesperadamente, y la vuelta al campamento sería complicada si arreciaban los vientos vespertinos. Ninguno protestamos. John arrancó la lancha y continuamos camino.

Conforme nos alejábamos y dejábamos atrás la isla, el espejismo regresó, inmenso, sublime, silente. Se quedó con nosotros diez minutos más y después se esfumó.

El aire denso y frío, enfriado aún más por el agua helada del fiordo, había refractado la luz y la había tornado visión. Sabemos que la luz es maleable y cuáles son las causas por las que se comba y se deforma, las circunstancias que influyen en ella. Cuanto somos capaces de percibir, que ni siquiera llega a ser la milmillonésima parte de la milmillonésima parte de la totalidad del espectro electromagnético, está condicionado por las particularidades sensoriales de los órganos corporales que realizan ese cometido y por la limitación de las condiciones físicas en que nos movemos. Pese a la riqueza y belleza de las cosas que tenemos delante, hemos de aceptar el menoscabo de la experiencia por las restricciones genéticas del cuerpo y aquellas propias del espacio. No vemos del mundo más que el carnaval que fabricamos. Lo demás, el misterio que se desarrolla en el interior de ese carnaval, se muestra sólo a través de espejismos, silencios, verdades malinterpretadas, siempre fuera de los límites de nuestro entendimiento.

En aquel momento no conseguí entender que los espejismos son también terremotos visuales, a veces de gran magnitud. Que también son rupturas y que, si estamos preparados, percibiremos un ligero murmullo justo antes de que el suelo comience a temblar bajo los pies. Si uno presta atención y está acostumbrado a sintonizar la frecuencia en la que emiten tales fuerzas y sus posibles estragos, es posible percibir la dirección de la que procede el murmullo y realizar los ajustes necesarios para amortiguar el impacto. Pero yo no prestaba atención y tampoco preví las consecuencias. Por ello, las semanas y meses que pasé allí, en las tierras vírgenes de Groenlandia, fueron una constante agitación del suelo, la sacudida de los cimientos de mi propia identidad.

Encontramos el extremo norte de la zona de cizalla aquella jornada, pero no en el lugar que habíamos previsto. La línea de tinta negra que lo señalaba en el mapa se hallaba desviada, a varios kilómetros de distancia. También descubrimos tipos de roca que no esperábamos. Lo que eso pudiera significar seguía siendo un misterio y a raíz de aquel día surgieron numerosas discusiones de las que no sacamos mucho en claro.

La confusión fue, también, una sutil advertencia. Las líneas en los mapas sugieren límites y los límites conforman expectativas, permiten los cierres; simplifican y categorizan y nos dan la posibilidad de reaccionar de forma automática, sin el concurso del pensamiento. El mundo natural, sin embargo, es flujo, es proceso; nada tiene de conclusivo. Lo que disponemos sobre el mapa es una aproximación, en el mejor de los casos: una forma de decir que lo que hay aquí es diferente de lo que hay más allá. La única forma de comprender de verdad el lugar que recorremos, además de tomar muestras, realizar mediciones y registrar datos, es siendo conscientes de que la noción de límite no es más que otra ilusión.

LA BRECHA EN LA ROCA

A cada instante nos interpelaba el enigma de lo sucedido en la zona de cizalla de Nordre Strømfjord, un enigma de casi dos mil millones de años. ¿Era el terreno que pisábamos el primer punto de contacto de dos continentes en colisión? ¿Cuál sería la señal sobre el terreno que nos lo confirmaría? ¿O era acaso la imagen de dos masas continentales enredándose entre sí en un relato errado, una interpretación equivocada de la historia? En cualquier caso, ¿cómo encajaban las zonas de cizalla o los cinturones fijos, según cada versión? La expedición al extremo norte de la zona de cizalla nos había proporcionado nuevas observaciones y nuevos datos, pero aún no poseíamos el contexto necesario para dar rienda suelta a la imaginación.

Aquellos días, cuando necesitábamos descansar de tantas incógnitas, salíamos los tres a pasear por los alrededores de las lomas y por la línea de costa junto al campamento. Eran caminatas tranquilas, pausadas, oportunidades para la conversación y la contemplación sosegadas. Sabíamos que si algo llamaba nuestra atención y parecía digno de estudio, podíamos regresar a buscarlo en cualquier momento, así que nuestro equipo se reducía a martillos, lupas y cuadernos, lo imprescindible para una primera incursión bajo la superficie de las rocas.

Una tarde, varios días después de instalar el campamento, nos dirigimos al oeste, siguiendo el litoral. Era una zona que no habíamos explorado y nos pareció una buena manera de familiarizarnos con ciertos detalles, con nuevas formas.

Apenas habíamos empezado a caminar cuando John descubrió un extraordinario ejemplar de lo que dimos en llamar «gneis de lapicero». Se trataba del mismo tipo de roca ígnea que había inspirado a Kalsbeek y sus colegas para formular la hipótesis de una zona de colisión o «sutura» entre continentes: lo insólito era que allí, a los pies de John, las delicadas texturas que se forman en los cuerpos magmáticos al enfriarse durante largos periodos de tiempo se habían deslizado hasta componer formas alargadas y estiradas, como las de un lápiz. Cada cristal individual, normalmente con ejes iguales y de poco más de un centímetro de tamaño, aparecía elongado como una cuerda bien tensada, creando estrías finísimas de más de un metro de largo, todas ellas perfectamente paralelas a las demás: un metafórico lápiz de gneis. Era la prueba evidente de un intenso proceso de cizalla. Sacamos fotos, tomamos apuntes y colocamos un nuevo hito imaginario sobre el terreno. De inmediato se nos planteó una nueva pregunta, la de si esas estructuras se encontraban en toda la zona de cizalla o eran sólo puntuales y, por tanto, de escaso significado contextual. Seguimos caminando, expectantes, imaginando ya posibles hallazgos aguardándonos al doblar el siguiente cabo.

A unos pocos cientos de metros por la línea de la costa encontramos algo inusual en la pared de un acantilado. La superficie estaba modelada por formas oscuras, borrosas, semejantes a una pila de balones de fútbol achatados, medio desinflados, uno encima de otro. Recorrimos con atención cada centímetro del afloramiento, incapaces de comprender de forma general algo a lo que no le encontrábamos demasiado sentido. Consideramos varias opciones, discutimos, repasamos recuerdos de experiencias previas. A la cabeza nos venía siempre la imagen de un embrollo de lágrimas capturadas en el instante de derramarse, como si el ojo oculto de la Tierra llorase.

No nos quedó más remedio que aceptar como respuesta más probable que la lámina deformada ante la que nos encontrábamos, de unos cuarenta y cinco metros de largo y quince metros de alto, estaba formada por un tipo de roca volcánica llamada basalto almohadillado, que se forma cuando la lava emerge del fondo del océano. Al contrario que las rocas circundantes, en las que se apreciaban signos de una historia compleja y múltiples episodios de plegado y cizalla, los basaltos almohadillados poseen una historia muy sencilla: en algún momento surgieron del fondo de un antiguo mar y desde entonces no han estado expuestos más que a un único metamorfismo y un único plegado simple. Esa rebanada pertenecía a una veta rodeada de los gneis y **esquistos** de la zona de cizalla, mucho más deformados. El contraste con ellos era dramáticamente evidente.

Ahora bien, esta interpretación tenía consecuencias considerables. Por lo general, los continentes están separados por grandes cuencas oceánicas, del tamaño del Mediterráneo o el Atlántico. Cuando los continentes se aproximan, el fondo del océano entre ellos se consume a lo largo de la línea divisoria que se convertirá en la zona de colisión en el momento en que las masas de tierra entren en contacto. Esas colisiones se producen a lo largo de decenas de millones de años y durante todo ese tiempo expulsan rocas fracturadas, deformadas y recristalizadas, las mismas rocas que una vez fueron los sedimentos y los basaltos almohadillados volcánicos del fondo del mar. De ese tipo de zonas «radicales» emergieron sistemas montañosos como los Alpes. Si la acumulación de basaltos almohadillados que acabábamos de encontrar era, en realidad, todo lo que quedaba de alguna cuenca oceánica perdida hace tiempo, eso quería decir que habíamos dado con la sutura. Esa delgada lámina de roca, y nada más, era el único rastro de un probable mar que alcanzaría miles de kilómetros de ancho. ¿Estábamos ante el océano perdido que Kalsbeek y sus colegas imaginaron hace quince años?

La emoción del hallazgo se templó en un sano escepticismo. Todos, alguna vez, habíamos visto cómo una teoría que interpretaba la realidad en grandiosos términos conceptuales se hacía polvo al confrontarla con nuevas observaciones o datos. No teníamos todas nuestras esperanzas puestas en que un único afloramiento se convirtiera en la piedra angular sobre la que construir la hipótesis del fondo oceánico, pero tampoco la descartamos por completo.

Varios días después, kilómetro y medio hacia el oeste en la misma dirección, encontramos otra pequeña lámina rocosa en la que se evidenciaba la misma simplicidad histórica de la que hablaban los basaltos almohadillados. En esta ocasión se trataba de peridotitas, la clase de roca de la que se originan los basaltos. La clase de roca, precisamente, que los geólogos asocian con las erupciones de lavas en el fondo del océano.

Aunque parecía cada vez más probable que hubiéramos hallado la verdadera zona de colisión, dos afloramientos de rocas no eran prueba suficiente para permitir un arrojo interpretativo de esas características. La historia de los sistemas montañosos es larga y consta de muchos capítulos. Un afloramiento es, como mucho, un mero párrafo en el interior de un único capítulo. Y nosotros éramos historiadores intentando leer textos antiguos escritos en un idioma que apenas comprendíamos. Pero algo se nos había revelado, algo que no se había observado con anterioridad. La enorme deformación y el movimiento que se había producido en la zona eran evidentes, como lo era que parte de esa zona hablaba de una cuenca oceánica desaparecida. Nunca se había propuesto o sospechado que allí existiera una zona de colisión. Todo parecía indicar que entre el hallazgo de los gneises de lapicero y estos dos nuevos afloramientos, se restauraría el prestigio de John y Kai.

Ambos sentían una obvia —y callada— satisfacción. La intensidad con la que se dedicaban a analizar cuanto les rodeaba no había variado, pero nos habíamos quitado un buen peso de encima. Encontramos muchas más muestras de gneises de lapicero por toda la hipotética zona de cizalla, nuevas pruebas de procesos de intensa deformación. Sin embargo, las dos láminas procedentes de un posible fondo oceánico en el interior de ese cinturón de rocas hacían que la historia fuera mucho más compleja. No habíamos previsto, en ningún momento, hallar indicios de corteza oceánica dentro de la zona de cizalla. Eso implicaría que la zona de cizalla era, en sí misma, la sutura.

Si el descubrimiento de basaltos procedentes de un supuesto fondo oceánico era algún tipo de indicio tectónico, esa historia debía de haber dejado otros rastros escondidos en los afloramientos de rocas contemporáneas. Decidimos levantar el campamento y mudarnos a un nuevo emplazamiento, a varios kilómetros al oeste de los basaltos almohadillados, instalando el campo base en línea con la dirección de las rocas del Ateneq, un fiordo del que no se habían recabado datos.

Un día en que soplaba una suave brisa sobre el mar y el cielo estaba radiante, nos dirigimos en la Zodiac a un lugar próximo a la cabeza del fiordo, hacia el este, en dirección opuesta al campamento. No hacía demasiado frío y teníamos la extraña sensación de que hallaríamos algo importante, ese tipo de levedad. Navegamos con calma por el agua cristalina, observando a nuestro paso riscos y valles serenos, atravesados de tundra, y las lomas onduladas que dejábamos atrás.

Nos adentramos varios kilómetros y llevamos la lancha hacia la orilla norte para recorrer a pie los farallones desnudos. La marea estaba baja, revelando una playa de arena y guijarros. John viró la proa por completo, apagó el motor y nos dejamos arrastrar hacia la arena. De un salto, salí para amarrar la lancha a unas rocas. Sacamos los martillos y las mochilas y empezamos a caminar hacia el este. Pronto llamaron mi atención unas rocas extrañas, cruzadas por venas de lo que una vez fue magma fundido; no pude evitar detenerme para observarlas y extraer muestras. Ni Kai ni John estaban demasiado interesados en mis entretenimientos, así que les dije que siguieran, que les alcanzaría después.

Debí de quedarme allí unos diez minutos, tras los cuales continué la exploración bajo los acantilados, disfrutando del paseo solitario y del sol cálido del final de la mañana. A mi izquierda, olas pequeñas llegaban a descansar al regazo de la orilla. Soplaba una ligera brisa que volvía innecesaria la red antimosquitos. Uno casi podía quitarse el anorak del calor que hacía. Casi, digo.

Tras una breve caminata llegué a un escarpe brillante, que se levantaba como una pared blanca al término de las piedras de la playa. La superficie de la roca estaba cubierta de hilos muy finos, relucientes, de cristales blancos de sillimanita, apenas discernibles a primera vista, todos alineados en una disposición fluida de fibras ondulantes y casi paralelas. Por todo el lienzo blanco se encontraban abundantes granates de un rojo intenso, del tamaño de pelotas de golf. Las micas pálidas y las escamas de grafito negro refulgían a la luz del sol, esparcidas por la superficie ondulada, y el conjunto presentaba una apariencia de piel móvil, fluctuante. Por un momento sentí que me encontraba en un museo de arte, contemplando la obra maestra imaginada y ejecutada por algún alma infinita dedicada en exclusiva a la búsqueda de la belleza. Me acerqué a la pared y acaricié la superficie en señal de reverencia, sintiendo la protuberancia de los granates en la punta de los dedos, sintiendo también mi intrusión táctil como una profanación.

En torno a los racimos de granates, el fulgor de los hilos cristalinos y mis dedos invasores, se fue conformando, poco a poco, la percepción de una ironía. Al calor del sol aguardaba una colección increíblemente bella de formas, texturas y cristales, accesible a cualquier mirada, en medio de un territorio tan inaccesible y vasto que las posibilidades de que alguien volviera a contemplarla y tocarla eran ínfimas. Y, sin embargo, toda la realidad de esa pared reluciente parecía reducirse a la trivial solidez de un afloramiento rocoso. Resultaba muy extraño que la belleza de unas rocas desnudas procediera sólo de las nociones inventadas por una mente frágil, guiando los movimientos de unos dedos sucios.

Los minerales centelleaban a la luz con fulgores asombrosos y formas que poco tenían que ver con la brisa y las olas que acariciaban la orilla. Saqué la cámara de la mochila para hacer una foto, pero cambié de opinión al momento y volví a guardarla. ¿Qué sentido tendría? La realidad que merecía la pena capturar eran las sensaciones del lugar, la tierna pasión asombrada, entusiasmada, que me vinculaba a una bella pared de roca nacida hacía eones de las entrañas de la Tierra. Pensé entonces en la profunda equiparación de todo cuanto me rodeaba, la ausencia absoluta de jerarquías que dominaba el espacio, la idea de que todo era y no era bello al mismo tiempo. Ciframos la valía en la escasez, resaltamos la diferencia, y eso, aquí, no significaba nada.

Paseando por la playa empedrada, escuchando nada más que la suave salpicadura de las olas y el crujido de las botas entre los guijarros, sentí que estaba en el lugar exacto donde deseaba estar, a solas ante la más salvaje soledad, agraciado con el íntimo tesoro de la luz del sol, de las aguas azules, de las formas de las piedras. Desde que tengo uso de razón amo los lugares así. De pequeño, los paseos solitarios por las colinas cercanas a mi casa eran la forma de huir de la marginación y el acoso, un pequeño refugio infantil en el que esconder las tristezas, tras el aroma de la hierba al sol, el zumbido de los insectos, el sorprendente avistamiento de una serpiente escondiéndose entre los arbustos, una mariquita en el envés de una hoja curvada, un cangrejo de arena en una playa vacía, revelaciones de lo oculto que abonaron mi imaginación igual que lo hacía, ahora, esta pared de roca blanca.

Poco después, di alcance a Kai y a John. Al primero, en su calidad de cronista oficioso de nuestras exploraciones, lo encontré haciendo anotaciones en el cuaderno, llevándose de vez en cuando la punta de grafito de un minúsculo lapicero a los labios. En el bolsillo izquierdo de su camisa habían encontrado refugio varios lapiceros más, todos diminutos, que eran sus instrumentos de escritura y dibujo preferidos. Nunca supe de dónde los sacaba, pero era imposible verle sin ellos. Tampoco olvidaba guardar el sacapuntas en otro bolsillo.

Les pregunté, emocionado, si habían pasado por el pequeño escarpe esquistoso de granates y sillimanitas, a lo que Kai me respondió sin explayarse, señalándome una nota en su cuaderno.

Después, me preguntó:

—¿Viste el yacimiento lenticular de roca verdosa, probablemente **ultramáfica**, unos cien metros antes?

Intenté recordarlo, pero tuve que admitir que no me había percatado.

—Me estás tirando el pelo. Tienes que ir a verlo. John cree que es importante. —Regañarme era uno de sus pasatiempos favoritos.

—Se dice *tomando* el pelo —le corregí. Kai suele equivocarse con las frases hechas, aunque le encanta utilizarlas.

Cuando me di la vuelta, John, cuyas cualidades como geólogo de campo son excepcionales, me indicó que parecía una escama tectónica de peridotita.

La encontré sin dificultad; la veta estaba expuesta en una bancada de roca que formaba un pequeño promontorio sobre el fiordo. Era un bloque verde amarillento, de casi dos metros de ancho y seis metros de largo, rodeado de estratos claros y oscuros, bien visible.

No había duda de que la veta era un cuerpo peridotítico. Las rocas peridotíticas no suelen formarse por sedimentación, como sí hacen los granates. La yuxtaposición tenía que deberse a la acción de enormes fuerzas tectónicas. Se trataba de un nuevo indicio a favor de la hipótesis del «océano perdido».

Agachándome a cada paso, observando cada detalle del afloramiento, de sus texturas y minerales, descubrí un estrato en particular que sobresalía por encima del resto. Se encontraba a un metro del cuerpo ultramáfico y tenía unos quince centímetros de grosor. Era casi negro y discurría en riguroso paralelo a la masa verdosa. Parecía contener fragmentos de granates, pero éstos eran minúsculos e imposibles de identificar con seguridad. Se hacía necesario sacar muestras.

Cada uno llevábamos dos martillos: uno pesaba poco más de un kilo y servía para la mayoría de las rocas y otro era un mazo de más de dos kilos y medio que utilizábamos con rocas particularmente duras. La capa negra se levantaba un par de centímetros sobre la superficie, lo que indicaba su resistencia a la erosión, y parecía muy densa. Saqué el mazo.

He recogido rocas de todo el mundo y aquélla fue, sin duda alguna, una de las más duras que he encontrado. Con cada impacto, el acero del mazo restañaba con fuerza y salía disparado hacia atrás. Seguí golpeando, temiendo que el grueso mango de madera se hiciera pedazos. Al final conseguí abrir una diminuta fisura, un poco más grande a cada golpe. Acabé con dolor y escozor en las manos pero logré extraer una pequeña muestra, de un tamaño poco mayor que mi puño.

Aquella piedra presentaba una densidad insólita. La nueva superficie, compacta, de grano fino, brillaba como un cristal quebrado. Saqué la lupa y me acerqué la muestra a la cara para examinar los detalles mineralógicos. En aquel momento, percibí un ligero aroma, como de vello quemado, como de metal caliente o polvo del desierto, emanando desde su superficie para quedarse suspendido en el aire. Interrumpí asombrado el análisis visual e inspiré profundamente. No había duda: los olores estaban ahí, emergiendo desde la cara centelleante, inédita, de la roca.

Al abrir la brecha en la roca se habían roto también las uniones químicas que la sujetaban al afloramiento. Se habían fragmentado diminutos cristales, se había separado el **borde de grano** y una roca densa había quedado partida en dos. Por primera vez en más de dos mil millones de años, los átomos y moléculas atrapados en el tejido cristalino quedaban expuestos al frescor del aire y los rayos templados del sol ártico.

Desplazadas y fragmentadas, partículas submicrónicas y moléculas inorgánicas habían escapado de la fractura, danzando en el aire una coreografía atómica invisible, moviéndose en los caprichos de la suave brisa. Una pequeña parte de esos fragmentos liberados flotaron en la atmósfera, viajaron hacia mi cara y alcanzaron los órganos sensoriales de las vías respiratorias, estimulando percepciones inesperadas y fuera de lugar: ¿vello quemado, metal caliente, polvo del desierto? ¿De un trozo desgajado de roca?

La superficie fracturada había vertido al mundo átomos de carbón y calcio y magnesio en un acto violento nacido de la mera curiosidad. Todo lo que conformaba aquella roca, cuyo destino era caer en manos del océano en un proceso insoportablemente lento, había sido arrojado de repente al viento. Los mismos átomos que formaban esa capa mineral componen las moléculas que hacen la vida posible: todo, del sodio al selenio, había explotado en la brisa. Las ideas y la imaginación fluyen en una maraña de redes neuronales y sinapsis alimentadas por la misma química que estos elementos hacían propia. La posibilidad de los sueños se encontraba en los átomos de la roca que yo seguía oliendo.

Era un absoluto misterio qué configuración terminarían adoptando aquellos átomos y moléculas, y, en realidad, sólo era una etapa más de un viaje en última instancia eterno. Resultaba inevitable que, al ser liberados, se volvieran parte de algo nuevo, algo por completo diferente a las estructuras minerales que habían integrado segundos antes. La extracción de la muestra era un acto destructivo que se convertía, de manera casi insignificante, en un acto de liberación y creación, una perturbación fortuita e ingenua del futuro.

Guardé la muestra y la etiqueté con un «468 416» tras sacar algunas fotos. Consulté el GPS, apunté la ubicación en el cuaderno junto a un par de observaciones y luego lo metí todo en la mochila, sin sospechar que aquella pequeña piedra, una vez analizada en el laboratorio, haría añicos gran parte de lo que conocíamos sobre la antiquísima historia que conservan las rocas de este planeta.

*CLADONIA RANGIFERINA*

Groenlandia está cubierta de liquen. Por encima de la zona intermareal, todas las superficies rocosas están envueltas y coloreadas por manchas, racimos, tejidos de líquenes que zurcen las hondonadas de tundra. Son la más resistente de las asociaciones, una intrincada simbiosis entre un hongo y un componente fotosintético; un organismo compuesto tan resiliente como bello.

Los hay de muchas clases, pero mi ojo, entrenado para distinguir minerales y rocas, y no lo que crece en ellos, sólo es capaz de diferenciar unas pocas variedades. Se entremezclan en disposiciones maravillosas el verde pálido, el naranja brillante, el marrón rojizo, sin esquemas determinados, una extraña armonía, un tapiz de fondo grabado sobre la piedra dura. Alfombran, revisten, embellecen y decoran cada superficie en una profusión que cautiva los sentidos. Nos arrastran a mundos ocultos, a escenarios en los que inventamos, ojipláticos y boca abajo, dramas representados por diminutos insectos que deambulan por salones de liquen haciendo arabescos imposibles.

Los líquenes suponen, además, un peligro para el caminante despistado. Hay uno en particular especialmente traicionero. Cuando está seco, las areolas negras y abundantes del talo son muy quebradizas: al pisarlas, los bordes se desmenuzan y se hacen polvo. Puede atravesarnos la piel. Sin embargo, cuando está húmedo, es como una mucosa. En días lluviosos o de niebla, se empapa y se convierte en una alfombra sobre la que es imposible caminar sin resbalar y caer. Recuerdo un día en que, tratando de desembarcar en un afloramiento desnudo, agarré el cabo de proa de la Zodiac y me dispuse a saltar a tierra. Escuché a John gritar por encima del ruido de la lancha: «¡Ojo con el *litquen* (era así como Kai y él, con su acento danés, lo pronunciaban), que resbala mucho!».

Advertido, repensé el plan, elegí el punto más llano y con la menor cantidad de masas mucosas y salté con mucho cuidado, tratando de que en el aterrizaje no hubiera impulso de continuación. En el momento en que mis pies tocaron la baba, patiné, caí de bruces y me disloqué el hombro derecho. Sobreviví los tres días siguientes a base de aspirinas.

Los líquenes también sirven de indicadores, de señales. Crecen a un ritmo muy lento, incluso en condiciones óptimas. Una tasa de crecimiento de, digamos, un milímetro al año es alta. En enclaves árticos como el nuestro, el ritmo es mucho menor.

Un día soleado, seco, nos detuvimos en la orilla sur del fiordo, allí donde un afloramiento de gneises caía en suave pendiente hacia el agua. El día anterior, tierra adentro, habíamos encontrado dos tipos diferentes de rocas y ahora buscábamos el punto de unión. Por encima de la línea de la pleamar, el liquen, sobre todo la variedad negra, crecía en abundancia. Mientras caminábamos, tomando notas, descubrimos nombres y fechas garabateados en él, escritos en negativo. Todas las fechas eran anteriores a 1960, la más antigua era de 1943. Los nombres y los números podían leerse a la perfección, sus bordes apenas habían cambiado desde que el mensaje fue inscrito. La velocidad a la que el liquen crecía no podía superar los 0,02 milímetros al año.

Existe un liquen que sí crece a mayor velocidad: el *Cladonia rangiferina*. Es de color crema y tiende a formar ramificaciones pequeñas, puntiagudas, que se alzan un poco sobre el paisaje plano de la tundra. Lo vi por primera vez cuando preparábamos el campamento. Le pregunté a John de qué se trataba. Él es nuestra fuente inagotable de información sobre el territorio, si bien sospecho que una pequeña parte de la misma la inventa sobre la marcha. Me había enseñado, entre otras cosas, a reconocer antiguos campamentos por las formas en las piedras o las concentraciones de ciertas hierbas favorecidas por las irregularidades del suelo. Me respondió que lo llamaban «el liquen del reno», pues constituía una parte importante de la alimentación de los caribús que habitan Groenlandia Occidental, los mismos que una mañana temprano atravesaron nuestro campamento.

Varios días después, tras una jornada dedicada a la navegación, me fui a pasear a solas por la orilla del arroyo en el que solíamos bañarnos, en dirección al lago del que nacía. Los mapas y las fotografías aéreas reflejaban que aquél era el lago más occidental de los tres que bordeaban el manto del glaciar, cada uno de ellos alimentando al siguiente, recibiendo uno tras otro el agua procedente de la licuación de la capa de hielo.

Mis pasos me llevaron entre pequeñas praderas fulgurantes, donde las hierbas erióforas de penachos blancos hacían de ascuas prendidas y se agitaban en la brisa como centinelas embrujados. Truchas árticas, algunas de un metro de longitud, nadaban por el fondo poco profundo del agua, disparadas de una roca a otra, buscando nuevos escondrijos. Si supiera pescar, aquel día habríamos disfrutado de una cena deliciosa.

El sol se filtraba entre las nubes finas y soplaba una suave brisa. Cuando llegué al lago, la temperatura había bajado y las aguas estaban picadas. Me senté sobre un bloque de roca, metiendo las manos y sus correspondientes guantes en los bolsillos del abrigo, y pasé allí varios minutos, en un silencio absoluto, exquisito, dedicado a la contemplación del lago y de los peces.

Era difícil no sentirse abrumado por la soledad majestuosa del paisaje. Aquellos momentos resultaban vivencias insustituibles: la tranquilidad absoluta, la inmersión en la naturaleza más prístina. La vida fluía con su propio ritmo, las rocas, el suelo y las plantas conformaban un paisaje del que los humanos no habían participado. Yo era su único espectador, un visitante fugaz ante la manifestación momentánea de procesos en marcha desde los orígenes mismos de la Tierra, hace miles de millones de años. Lo que veía eran los logros de fuerzas primitivas en su camino hacia el futuro. Un mar de posibilidades del que emergían nociones concretas y efímeras de circunstancias coincidentes, pero también de la inexistencia de todo destino o sentido.

Era la primera vez en la vida que creía comprender, dentro de mis limitaciones, lo perfectamente incomprensible que resultaba el mundo. Nada había fuera de las partes que formaban el todo, el todo que era el universo entero, desde sus comienzos. Lo que contemplaba en la quietud de aquel valle ártico era una manifestación de la unidad.

El tiempo no existía. La única diferencia entre el pasado y el futuro es la mente que media, que contempla y describe y detalla características, catalogando especies como si estuvieran ancladas a un tiempo y un espacio aislado cuando, en realidad, cambian de forma incesante, furiosa: momentáneas, creadoras, únicas de forma individual y, a la vez, parte de un todo indivisible. La humanidad no es más que un experimento llevado a cabo por algo tan enormemente inaprehensible que el resultado mismo del experimento carece de importancia.

Y aun así, en el centro de la más intensa soledad, el mundo se mostraba lleno de belleza. Algo extraordinariamente nuevo y extraordinariamente armonioso me rodeaba. Colores, texturas, formas y configuraciones fluían de una manifestación a otra, plenos de sentido. Sólo me resultaban cercanos los conceptos más básicos y bastos: roca, agua, aire, frío. Todo lo demás desafiaba a mi comprensión.

El frío y la distancia no permitían quedarse allí mucho más tiempo. Al levantarme, contemplé la escena, intentando capturar retazos que pudiera compartir con Kai y John, pero me di cuenta de que carecería de palabras para hacerlo.

En vez de regresar por el mismo camino al campamento, siguiendo la orilla del río, crucé campo a través, tratando de ahorrar tiempo y explorar de paso una zona nueva. Una amplia extensión de terreno más o menos llano formaba una especie de plataforma alrededor del lago, de unos cuatrocientos metros de ancho. Era un área fácil de recorrer, abierta, quizás uno de los pocos lugares de la isla en los que podías prestar atención a algo que no fuera dónde poner el pie para seguir avanzando.

De camino, di con un prado de unos doscientos metros de largo, salpicado de montículos de tierra de menos de un metro de diámetro y algunos centímetros de alto. Eran palsas, pequeñas prominencias que se forman cuando el agua de las turberas se congela una y otra vez y, al expandirse, presiona hacia la superficie. Son habituales en zonas de permafrost, donde también se forman los pingos (una versión más grande de lo mismo). Lindando con ellas se concentraban rocas obligadas a emerger desde el subsuelo.

Seguí bordeando lomas y montículos, buscando las grietas abiertas en el hielo subyacente, y los valles de roca que generaban a sus pies, trazando un camino de ángulos y polígonos a través del territorio. Recorría una suerte de laberinto en miniatura e imaginaba para él tradiciones místicas de cantos y danzas a cargo de algún espíritu ignoto, aguardando en ese espacio sin tiempo a que llegara la siguiente generación de fieles.

Seguí adelante y algo me perturbó por lo desubicado, por lo insólito: todas las rocas eran de un tono inesperadamente pálido y carecían de las formas negras y punteadas o de las franjas de gneises y esquistos que observábamos de manera habitual.

El color se debía a un liquen del género de los *Umbilicaria*. Jamás había visto un paisaje así, y desconocía por completo el motivo de tal abundancia. Alrededor de las rocas, en la tundra, el liquen de reno dibujaba formas en el suelo. Me vino a la cabeza entonces la imagen de un rebaño de caribús dándose un banquete en este mismo lugar, la naturaleza les disponía un festín de líquenes como manjares y se comportaba con una infinita indulgencia. Sabía que era mi oportunidad de descubrir lo que me estaba perdiendo, si es que me estaba perdiendo algo. ¿A qué sabía el liquen?

Con mucho cuidado partí un pequeño trozo de las filigranas ovaladas de la roca más cercana, limpié los granos de arena y me lo llevé a la boca. La textura recordaba un poco al cuero, a la goma, pero no era dura. Se masticaba con facilidad. El sabor me recordó a una bechamel sosa o a la pasta de sémola: nada extravagante, nada picante, sólo una delicada y leve cremosidad. Era lo opuesto a un sabor complejo: tenía una simplicidad que resultaba cómoda, agradable. Tragué ese trozo y probé otro, y otro, intentando captar mejor el gusto, imaginando cómo sería alimentarse tan sólo de liquen.

De repente, me inundaron recuerdos de almuerzos infantiles en casa, las comidas junto a los limoneros en el sur de California, el concienzudo arreglo floral que casi siempre adornaba la mesa, el mantel con desgastadas escenas costumbristas de un pasado americano, el vaso de leche a mi derecha, mi padre a la izquierda, sirviéndonos de la cazuela. Dejé de masticar y me quedé sumido por un momento en las imágenes, que no había vuelto a recordar en tantos años, sorprendido y desconcertado por unos sentimientos evaporados junto con las comodidades de la niñez. El liquen como máquina del tiempo.

¿Acaso en mi experiencia del lugar había, en ese preciso momento, un elemento común de percepción y memoria, superpuesto a la percepción y a la memoria de los renos?

No se me ocurrió probar la otra variedad de liquen. Ahora me arrepiento, al pensar en el mundo de sabores que recubre, también, las rocas.

HALCÓN

Estaba acurrucado al abrigo de unos inmensos bloques de roca en la cima de una cresta con dirección oeste, a unos veinte kilómetros del borde del hielo. Soplaba viento del Ártico, gélido, retumbando desde el norte como un tren lanzado a tumba abierta. Mi objetivo era realizar ciertas observaciones básicas que pudieran aportar algunos detalles a la historia que empezábamos a vislumbrar.

Aquella cumbre en la vertiente sur del fiordo Arfersiorfik era el punto más alto en kilómetros a la redonda. Ante mí, un acantilado hacía doscientos metros de caída abrupta, casi en picado, hasta un enorme talud de derrubios en la base. Los bloques y los fragmentos de roca que se habían desprendido por la cara norte formaban un pronunciado contrafuerte que se extendía hasta la orilla del fiordo. La cresta continuaba varios kilómetros, a este y oeste, perdiendo cientos de metros de altura desde su pináculo, como una ondulada columna vertebral de roca que soportara y definiera el temple de la tierra. Hacia el sur, a lo largo de cien kilómetros como mínimo, se desplegaba la topografía clásica de Groenlandia, valles y crestas escalonándose, farallones escarpados y pequeños lagos, excavados en una superficie cubierta de tundra y salpicada de bloques de roca, la piel ajada de un territorio: codos arrugados, líneas de expresión, la frente surcada de pliegues. De él surgía una impresión de sabia paciencia, la impresión de que la tierra había vivido y aprendido mucho, pero prefería guardar silencio.

Si levantaba la mano, casi podía tocar el vientre ajetreado de las nubes, oscuras, que se apresuraban al sur y extendían sobre la superficie de tierra y agua una magra capa de aire empapado de lluvia.

Hacia el norte, más allá del acantilado, el fiordo dominaba la escena con su presencia imponente, que definía la forma y el lugar en que el agua del océano y la licuación del hielo se confundían. Desde donde me encontraba, apenas era capaz de distinguir la Zodiac en la que Kai y John navegaban a unos metros de la orilla, tomando mediciones: un pequeño punto en una superficie inabarcable, gris y líquida, mi ancla a la humanidad. Al otro lado de la entrada del océano, el paisaje del norte reflejaba como un espejo el que tenía a mis espaldas.

El manto de hielo se imponía por el este como el blanco e inevitable horizonte del mundo, centinela imperturbable que guarda la entrada a una tierra ancestral. Aún en la cima de la cresta, la altitud a la que me encontraba quedaba a miles de metros por debajo de la superficie del hielo. Hace siete mil años, ese manto llegaba mucho más al oeste: cubría el lugar en el que estaba, cubría cuanto mi vista alcanzaba. Desde entonces, el hielo se ha ido retirando y ha dejado caer, conforme se fundía, los bloques de roca de todos los tamaños que habían quedado encerrados en su prisión. Uno de esos bloques era ahora mi protección contra las ráfagas frías y húmedas de viento.

Kai y John me habían dejado en un punto de la orilla desde el que podía internarme en el continente para extraer muestras y hacer mediciones. Necesitábamos averiguar si un tipo de roca en particular se encontraba presente tan al oeste. La respuesta nos permitiría reconstruir las dimensiones de una de las fallas que intentábamos describir. La idea era que desde la orilla yo me dirigiera siempre hacia el sur, subiera hasta la cima de la cresta y después descendiera al valle que había al otro lado. Desde ese lugar, zigzagueando sistemáticamente por el terreno siete u ocho kilómetros más, podría realizar cuantas observaciones fueran necesarias. Regresaría cruzando la cresta y descendería hasta la orilla para encontrarme con ellos en la playa que se abría en una pequeña ensenada, hacia la cabecera del fiordo, al final de la tarde.

Recorrer en soledad aquel territorio inhóspito, infinito, ancestral, poner los pies en una tierra que probablemente nadie haya pisado antes, contemplar aquello que ningún ojo humano habría visto, existir en un mundo que desafía a la comprensión y a la imaginación, descubriendo de continuo lo imposible de anticipar; aquello, para mí, era el paraíso.

El camino hasta la cumbre de la cresta había sido extenuante. Me había visto obligado a trepar por la orilla del fiordo y por el talud de derrubios, y no había salido indemne: tenía moratones y heridas en las espinillas, y los nudillos en carne viva. El pedregal estaba entregado al caos, con bloques del tamaño de coches y otros tan pequeños como un puño, todos cubiertos por un tapete irregular de líquenes, musgos, hierbas y flores. Esa manta de vegetación, suave y sinuosa, que nadie había alterado en miles de años, enmascaraba cavidades entre los bloques de roca en las que uno podía hundirse hasta el muslo. La ubicación de los pasos seguros quedaba casi al azar. Si me caía y rompía una pierna allí, Kai y John no empezarían a buscarme hasta el final de la tarde, cuando atracasen en la bahía que habíamos designado como punto de encuentro. El temor a una espera tan larga, con ese frío, me hizo concentrarme aún más. Buscaba indicios, por insignificantes que parecieran, de lo que la vegetación ocultaba: ligeras ondulaciones en la superficie verdosa, sin brillo, la forma y el gradiente del bloque más cercano, las celosías que se formaban en las cavidades ocasionalmente expuestas: todas ellas, pistas potenciales del mejor lugar donde poner el pie. Pese a la atención que prestaba, sólo podía realizar conjeturas. Tras unos cuantos pasos firmes de un bloque a otro, siempre acababa metiendo el pie en un hoyo invisible, a lo que le seguía el esfuerzo para salir de él, unos instantes de descanso, que aprovechaba para comprobar el estado de las heridas de las espinillas, unas cuantas inspiraciones profundas y, finalmente, la urgencia de continuar. No había tiempo para más.

Sin embargo, el tacto del musgo resultaba maravilloso. Al principio no fui consciente, pues llevaba los guantes puestos, pero a la mitad de la subida por el talud, tras caer en otro hoyo, decidí descansar un minuto para recobrar el aliento. Delante de mí, a escaso medio metro, una roca me llamó la atención. El musgo la velaba como una mortaja y se extendía por la superficie del pedregal que la rodeaba. Bajo la roca había una cavidad que dejaba a la vista la parte inferior del bloque, también recubierto de musgo. La unión de esa textura aterciopelada de sus tonos verdes, con las piedras negras y blancas de formas duras y con la frialdad del aire me convenció para quitarme un guante y pasar la mano por encima. La sensación fue extraordinariamente voluptuosa, como si el terciopelo más exquisito y lujoso del mundo, de unos treinta centímetros de grosor, hubiera sido dispuesto sobre los bloques con delicada y serena extravagancia. Al salir del hoyo y reanudar la caminata me resultaba difícil no sentirme culpable al pisar algo que atesoraba tanta belleza.

El talud se encontraba con la pared de la roca a unos trescientos metros de altitud. Del derrubio emergía una superficie desnuda que se elevaba hacia la cima en pasos cortos, prácticamente verticales. Esa parte del camino era más sencilla y no tardé en hacer cima.

Debía de ser mediodía cuando llegué. Comí rápidamente: sardinas en lata, queso y pan de centeno reblandecido, pasas y chocolate, un poco de agua. Los bloques de roca se alzaban imponentes ante mí, desperdigados en la superficie pulida por el hielo. Moqueaba y tenía los ojos empapados por las fuertes rachas de viento helado. Era necesario poner piedras encima de cualquier cosa que sacara de la mochila para que el viento no se la llevara y acabara perdida en los valles.

Cuando terminé de comer y de reorganizar la mochila, caminé hasta el borde del acantilado. Quería situarme inmóvil frente al viento furioso, alzar la mirada hacia una vista infinita, sentir la pureza salvaje del frío, su presencia como ausencia absoluta. Extendí los brazos para dejar que el viento me golpeara el cuerpo entero, pero el frío resultaba demasiado intenso. Los dejé caer, guardé las manos en los bolsillos del anorak y me limité a contemplar la inmensidad.

Durante unos instantes, nada distrajo la pregnancia incondicional, impertérrita, de la tierra. A pesar de los rugidos del viento, aquél era un mundo pasivo, de roca dura, en calma, inamovible. Y entonces, justo en el extremo de mi campo visual, llegando desde el manto blanco de hielo, se agitó un pequeño punto, oscuro e incongruente. Me giré un poco para comprobar que era real.

No me fue fácil encontrarlo: una pequeña mancha negra, casi invisible, que se movía por encima de la cresta, cabalgando la bravía corriente de aire que se precipitaba por el muro de roca. Los movimientos eran veloces, ascendentes. Antes de que pudiera adivinar qué era, ya se encontraba a mi altura, acercándose como un cohete. Su trayectoria lo llevaría a pasar a menos de un metro de mi cabeza.

En un segundo, me di cuenta de que se trataba de un halcón gerifalte, no muy grande, con las alas pegadas al cuerpo, tenso, avizor, poco más que un proyectil emplumado; la perfección aerodinámica a caballo de las corrientes invisibles que asolaban la cresta. Apenas movía las alas, realizaba tan sólo un leve ajuste para mantenerse siempre a escasos metros del precipicio con cada alteración en la velocidad del viento.

Cuando el choque parecía inevitable, di un paso atrás para apartarme de su trayectoria. De repente, el tiempo se detuvo, como ocurre cuando nos asalta lo imprevisible, cuando todo movimiento y dinamismo, cada idea y cada sentido se destilan en una claridad cristalina. Los segundos y las fracciones de segundo se alargan. La nitidez con que experimenté aquel momento fue sobrecogedora.

El ave extendió las alas, irguió la cabeza y vi sus ojos oscuros abiertos por completo. Me lanzó una mirada feroz, a menos de diez metros de donde me encontraba, aparentemente suspendido, inmóvil en el aire.

Entonces, con elegancia sutil, recogió las alas contra su figura fuerte, altiva, modificó con suavidad la trayectoria y desapareció impulsado de nuevo por el viento. Por dos veces, sin dejar de volar hacia quién sabe qué, giró la cabeza y me observó por encima del hombro, como si quisiera asegurarse de que lo que creía haber visto en la cima de la cresta no había sido una ilusión. El sonido de sus plumas contra el viento era un susurro sordo, un zumbido alterno.

Por supuesto, me resulta imposible saber lo que experimentaría el ave durante nuestro breve encuentro. Es probable que aquel vuelo cruzando las corrientes racheadas en pos de algún destino lejano le exigiera poner toda su atención en la velocidad del viento, en la distancia de seguridad con la superficie de la roca, en los bloques dispersos por la cresta que no serían más que impresiones y sombras, destellos fugaces hasta que, de improviso, uno de esos bloques empieza a moverse. Allí arriba, en la cima de la cresta, era imposible prever la presencia de un ser humano.

Tener tan cerca a un animal, de esa manera tan involuntaria, tan imposible de anticipar, resultaba inimaginable en cualquier otro escenario. Me recorrió una emoción excesiva, paralizante, al comprender que eso que había experimentado era la manifestación más pura del ser de lo salvaje.

Todo lo que experimentamos ha de entenderse como una alteración de la realidad, un fragmento tintado. Todo lo nuevo, ya sea un lugar físico o una construcción conceptual —un paisaje, el canto de un pájaro, un tapiz de musgo— queda asociado a nombres e impresiones emocionales en función de lo ya vivido. Gracias a ese proceso, algo entra a formar parte de los recuerdos, y mediante los recuerdos establecemos comparaciones con las vivencias posteriores. La consecuencia lógica es obvia: cuanto más rico sea el pasado que guardamos en la memoria, más precisa será su adecuación al momento presente, y mejor conoceremos la realidad del mundo.

Entonces, ¿es todo relativo? ¿Todas las experiencias sobre las que reflexiono no son más que un *collage* simplificado de lo que he presenciado y sentido? Si es así, cuanto puedo imaginar queda limitado por las restricciones de mi pasado. Y toda experiencia nueva que no se adecúe a un recuerdo anterior es un regalo que enriquece la bóveda de colores, sonidos y aromas, la plétora de emociones y la profundidad de las sensaciones a mi disposición. Lo nuevo embellece cualquier experiencia futura.

La naturaleza salvaje, por su propia realidad constitutiva, siempre es nueva.

# IMPRESIONES II

*Frente al enfoque racional, científico, del paisaje, que es el aceptado de forma general, con frecuencia quedan relegadas a un segundo término las percepciones y especulaciones de difícil acceso para la mente, y esto supone una profunda pérdida. El paisaje es como un poema: inexplicablemente coherente, transcendente en su significación y dotado del poder de trasladar a un plano más elevado las consideraciones sobre la vida humana.*

BARRY LOPEZ, *SUEÑOS ÁRTICOS*

Somos el resultado del agua que se insinúa en el enrejado de formas cristalinas, de su arenga a los elementos cercanos en su avance hacia el mar. El agua impulsa la creación de unidades, de parejas; ayuda a los elementos a cumplir su destino molecular, y a las moléculas a construir la estructura más compleja posible. Pero el agua es, también, catalizador de la descomposición y la disolución. El agua desintegra la roca con la misma firmeza con que se ofrece a la labor reconstructiva.

Ese proceso de incesante reconstitución es el que nos ha creado. Vivimos bajo la ilusión de que somos consecuencia de una biología de ensayo y error. Nuestra realidad se convierte así en una verdad empobrecida. En la naturaleza prístina, salvaje, uno tiene la oportunidad de experimentar pequeñas epifanías que muestran lo falaz de las propias ideas preconcebidas, de las asunciones erróneas.

# CONSOLIDACIÓN

*Cuando tratamos de fijarnos en un solo elemento descubrimos que éste está conectado al resto de cosas que componen el universo.*

JOHN MUIR, *MI PRIMER VERANO EN LA SIERRA*

LA PARED DE SOL

Al sur del campamento, se levantaba una majestuosa pared de roca. Emergía del agua como un gigantesco contrafuerte, que el fiordo sorteaba para continuar hacia el sudeste varios kilómetros, antes de virar definitivamente al este y fijar el rumbo que la llevaría hasta la capa de hielo interior.

En los meses de verano, el sol traza un sosegado circuito en el cielo: a medianoche no llega a ponerse por el norte y durante el apogeo del mediodía tampoco se eleva sobre el horizonte sur más de cuarenta grados. Unos ángulos de inclinación tan reducidos provocan sombras prodigiosas en los objetos. Y con el sol recorriendo el cielo entero, la superficie y la forma de las cosas varía a cada momento.

Mi tienda de campaña estaba orientada al oeste y desde la entrada tenía una perspectiva de varios kilómetros sobre la superficie del fiordo. La pared de roca, sin embargo, me quedaba a la izquierda, fuera del campo de visión, cuando salía por las mañanas. Día tras día la interrogaba con la mirada para hacerme una idea de cómo se presentaba la jornada. Las predicciones meteorológicas precisas son imposibles en el alto Ártico, pues el tiempo es esencialmente variable; no obstante, observar ese baluarte a la luz de la mañana me ofrecía una primera impresión de lo que el día nos depararía, una impresión que solía durar hasta que regresábamos al campamento, a última hora de la tarde.

Los días claros veíamos el sol de la mañana a escasa altura, apenas superando el manto de hielo que nos confrontaba por el noreste, recién comenzado su lento y breve ascenso por el cielo. La pared de roca quedaba iluminada desde atrás y descansaba a la sombra, oscura, plana, monótona. A su espalda brillaban el cielo azul y unas aguas aún más azules que discurrían a sus pies, hasta las proximidades del campamento.

Al mediodía, en cambio, cada detalle de la pared destacaba de forma nítida a la luz oblicua. Chimeneas, pasarelas, cornisas y salientes quedaban realzados por el juego de luces y sombras, de profundidad variable, que imprimía sobre la superficie una textura que no había tenido por la mañana. Conforme avanzaba la tarde, la disposición de las sombras cambiaba y la escala y las dimensiones resultaban alteradas. La cara de la roca adquiría cromatismo, evidenciando la vegetación que se aferraba tenaz a su hábitat, las grietas y rajaduras que colonizaban sus raíces. Los flancos de la cordillera descendían hacia valles de tundra que se vestían de tonos oxidados y arenosos entre los verdes y grises de la vegetación.

Era difícil no pensar la escena como un lienzo sobre el que el sol se encargaba de pintar, de retocar, incesantemente, cada uno de los detalles.

Ahora bien, no siempre brillaba el sol. Una mañana para la que habíamos planeado un largo viaje al interior del fiordo nos encontramos con un denso panorama de nubes rotas al salir de las tiendas. Soplaba insistente el viento helado y el agua se agitaba con furia. Rehicimos los planes para la jornada y decidimos estudiar, roca a roca, la geología de una bahía próxima al campamento. Se trataba de un segmento del borde septentrional de la zona de cizalla que aún no habíamos explorado.

Sobre una diminuta ensenada contigua al fiordo menor, Kai observó una secuencia inusual de vetas beige y verde oscuro que atravesaban el farallón, justo por encima de la línea intermareal. Con mucha precaución a través de aquellas aguas poco profundas, John condujo la Zodiac hasta la orilla y la varó. Amarramos un cabo a un gran bloque de roca y continuamos a pie por la orilla hasta el afloramiento que Kai había señalado. En él encontramos, para nuestra sorpresa, finas capas de mármol, esquistos de sillimanita y rocas ricas en minerales carbonatos y silicatos, todo ello indicio probable de sedimentos arrastrados por aguas superficiales y depositados en orillas calmas de océanos cálidos, hábitats para el desarrollo de vida unicelular, microscópica. Si hubiéramos estado allí en la época en que aquellas mareas arribaban a la orilla, hace miles de millones de años, probablemente nos habríamos dedicado a nadar en las aguas brillantes, cristalinas, de una caleta.

Ahora, recristalizada como consecuencia de su enterramiento en las profundidades de la tierra, a cientos de grados de temperatura, la caliza se había convertido en mármol y los barros y las arenas se habían transformado en gneises verdes y esquistos. Era imposible saber la profundidad exacta que habrían alcanzado, pero los minerales que observábamos nos indicaban que no podía ser menor de quince kilómetros por debajo de la superficie. Nos hallábamos ante nuevas pruebas de la existencia de un océano, el tipo de pruebas cuya profusión cabía esperar en la zona en que se hubiera producido la sutura.

Era casi mediodía cuando el cielo se abrió y el viento se apaciguó. Descansamos un poco, disfrutando del aumento de la temperatura, antes de regresar al campamento, hacia el final de la tarde, satisfechos con los logros de la jornada.

Al llegar, amarramos la lancha, descargamos las muestras y el equipo y nos dirigimos a la tienda común, donde dedicamos el resto de la tarde a compartir anotaciones. John se sentó a un lado de la tienda, repasando algunos artículos que había traído, tomando apuntes en los márgenes. Yo estaba frente a él, reescribiendo las notas del cuaderno de campo hasta hacerlas legibles, pues mi caligrafía siempre ha dejado mucho que desear. Mientras tanto, Kai, a la entrada de la tienda, preparaba la cena. En la sartén colocada sobre el Primus, chisporroteaba la cebolla rehogada en mantequilla.

Los datos que habíamos recabado apoyaban de manera consistente la idea de que la región había estado sometida a una historia de intensas deformaciones, como defendieron en un principio John, Kai y sus colegas. Los gneises de lapicero que John había observado en aquel afloramiento cercano al campamento, y que eran prueba irrefutable de extraordinarios procesos de deformación a altas temperaturas, se confirmaron como un rasgo muy común, presente a lo largo de varios kilómetros de la zona de cizalla. Las formaciones lenticulares de basaltos almohadillados y los yacimientos ultramáficos también señalaban la probabilidad de que cientos o miles de kilómetros de un antiguo fondo oceánico se hubieran fragmentado y laminado en cuerpos muy finos, un proceso que exigía la actuación de enormes fuerzas de desplazamiento y presión. Y todo ello se encontraba focalizado en la zona de cizalla.

Pero algo mucho más complejo de lo que habíamos previsto salía a la luz. Era obvio que nos encontrábamos en una zona de deformación; sin embargo, las rocas remanentes del lecho marino hablaban de procesos capaces de consumir cuencas oceánicas enteras, sin dejar tras de sí más que vestigios mínimos. En la presencia de sedimentos como los que habíamos observado en la bahía unas horas antes se sugería, además, el límite de un continente. A poco más de un kilómetro de nuestra ubicación se conservaban fragmentos de restos magmáticos de volcanes similares a los de los Andes, que implicaban eventos de destrucción de la corteza oceánica. La conclusión más simple capaz de explicar todas estas observaciones, era que habíamos levantado el campamento base, merced a una extraordinaria casualidad, sobre la zona misma de colisión que Kalsbeek y sus colegas habían postulado. Y si eso era cierto, la zona de cizalla sobre la que John y Kai habían investigado era, en realidad, un fenómeno tectónico mucho más complejo de lo que nadie hubiera podido imaginar: era la sutura que había unido los continentes que colisionaron hace mil ochocientos millones de años. En ningún trabajo previo aparecía mención alguna a esa posibilidad.

Acabé siendo geólogo por accidente. Crecí en la costa sur de California y durante la infancia y la adolescencia el surf fue toda mi vida. En el instituto, me saltaba las clases para ir a practicar y estuve a punto de suspender un buen número de asignaturas. Me quedé muchas veces castigado, me expulsaron en varias ocasiones, pero eso no impedía que la llamada del océano me alejara de las aulas. Era incapaz de resistir la tentación de sumergirme en la incertidumbre ajena a todo dominio racional que alumbraba cada ola. Sentarme en la tabla, anticipar mediante la intuición la siguiente oleada, la aventura impetuosa de un reto autoimpuesto, no podía concebir nada mejor.

Cuando llegó el momento de proseguir con los estudios fuera del instituto, elegí una facultad ubicada en la costa, aún más al sur, en la que se ofertaban cursos de Oceanografía. Estaba convencido de que podía sacar adelante una carrera científica dedicando la mayor parte de mi tiempo a practicar *bottom turns*, *hanging tens* e internadas imposibles en los cerrotes con la tabla.

Sin embargo, en aquella universidad, Oceanografía sólo podía cursarse como postgrado; todo el que estuviera interesado en ella tenía que obtener primero un grado en Biología, Química, Geología o Física, para después aplicar lo aprendido al estudio del océano. Opté, sin mucho entusiasmo, por Geología.

Aguanté el primer curso y pasé al siguiente motivado por un interés somero, si acaso, en la materia. Hasta que, en una salida de campo obligatoria, el profesor que la coordinaba detuvo la furgoneta junto a un pequeño afloramiento, una parada que no entraba en el itinerario. Ahora sospecho que lo hizo porque percibía el aburrimiento en el ambiente. Nos pidió que saliéramos del vehículo e hiciéramos un círculo a su alrededor.

«Me gustaría enseñaros para qué os estamos preparando», dijo, y entonces señaló un mineral negro en la cara cristalina del talud. Pasó varios minutos describiendo el mineral, lo nombró y explicó su composición química. Señaló otro e hizo lo mismo. Repitió el proceso con cinco minerales diferentes y después tejió un relato que nos dejó a todos boquiabiertos. Estábamos, nos dijo, en el centro de lo que hace sesenta y cinco millones de años había sido una cámara de roca fundida, a quince kilómetros por debajo de la superficie. Continuó contándonos cómo se había formado, a qué volcanes había alimentado, cuáles habían sido los procesos que había atravesado desde que se enfrió hasta volverse sólida. Yo estaba fascinado.

De repente y por primera vez, concebí la Tierra como un manuscrito, grabado en una caligrafía exquisita, embellecido con una labor que apenas era capaz de imaginar. En la piedra podían hallarse, por todas partes, misterios de proporciones gigantescas, historias de nuestros orígenes, la colección de accidentes que nos había convertido en lo que somos. En un instante, el mundo se había vuelto un lugar distinto.

Un cálido viento *foehn* soplaba con suavidad desde el este, descendiendo más de dos mil metros desde la «cima» del manto de hielo, batiendo ligeramente contra la lona de la tienda mientras hablábamos. Los rayos del sol alumbraban, oblicuos, el tejido anaranjado y le otorgaba a la estancia un toque de calidez.

Sin señal alguna que nos previniera, en un instante la luz se atenuó y el viento se detuvo. Bromeamos entre nosotros mientras sentíamos el descenso de la temperatura en la tienda. El viento empezó a soplar desde el oeste, suave al principio, provocando en la lona pequeñas y constantes convulsiones. Entonces, en apenas tres minutos, se levantó un vendaval y nos vimos zarandeados por unas ráfagas violentas. La cubierta de la tienda se desprendió y las paredes se arquearon, presionando sobre nuestras cabezas. Kai apagó el Primus; interrumpimos la conversación, dejamos en el suelo cuadernos y bolígrafos, y salimos corriendo a ver qué ocurría.

El fiordo se había convertido en una vorágine gris, oscura, de aguas tempestuosas y olas veloces, blanquecinas, en dirección este. Largas rachas de espuma blanca formaban líneas perfectamente rectas sobre la superficie agitada. El viento lo arrasaba todo, bramando como un huracán; teníamos que inclinarnos contra él para mantenernos en pie.

Levanté la vista del agua hacia la pared de roca que contemplábamos cada mañana. Allí abajo tenía lugar una batalla épica, de una intensidad desconocida para mí.

El vendaval aullaba, internándose en el fiordo desde el oeste, y se lanzaba directamente contra los contrafuertes de piedra. Se arrojaba de cabeza al muro, sin más salida que la de ascender en perpendicular por la pared. Al hacerlo, se condensaban regueros de nubes que parecían salir de la nada, formando franjas blancas, verticales, de cientos de metros, que escalaban y rebasaban la pared, decorándola en el camino con guirnaldas veloces y ampulosas. En cuanto el viento y las nubes hacían cima, ponían rumbo al este. Desde la cresta, los tentáculos nubosos, que llegaban a tener varios kilómetros de largo, abrían su ángulo y empezaban su carrera a toda velocidad hacia los hielos interiores.

De repente, escuché los gritos frenéticos de John: «¡La lancha!».

Me giré hacia la cala en la que habíamos echado el ancla y vi el desastre en curso.

John había pergeñado un ingenioso sistema de anclaje capaz de aguantar la furia del oleaje en el fiordo. Normalmente, cuando las olas eran pequeñas, todo lo que teníamos que hacer era arrastrar la lancha por la playa hasta un lugar que quedara por encima de la línea intermareal, y amarrarla, sin miedo a perderla. Pero allí no era posible tal cosa. Los cuatro metros de variación de las mareas sobrepasaban la altura de la playa. Por eso, John había echado el ancla a unos treinta metros de la orilla y la había amarrado a una boya. Había atado además una polea a la boya y otra a una roca en tierra. Ambas poleas estaban unidas por una cuerda, que nos permitía asegurar a la vez la proa y la popa de la lancha y, después, soltar los cabos para dejar que ésta se alejara lo suficiente; por la mañana todo lo que tendríamos que hacer era traerla, tirando de la cuerda. De esa forma, cualquiera que fuera la altura de la marea, la lancha estaba a salvo del reflujo y de las rocas de la orilla.

Sin embargo, en plena exhibición a la que ahora asistíamos desde el campamento, el vendaval empujaba la lancha y ésta arrastraba el ancla en una curva amplia cuyo destino final era un promontorio de rocas afiladas contra el que golpeaba el mar. Habíamos traído parches para imprevistos, pero no serían suficientes para reparar la lancha en el caso de que los flotadores se rompieran, y no teníamos otra de repuesto. La necesitábamos desesperadamente si queríamos finalizar el trabajo; perderla significaría que no habría mucho más que hacer, que habríamos desaprovechado el verano y que tendríamos que esperar un año entero para regresar. Todas nuestras opciones pasaban por hacer que la lancha llegara a la orilla. Era un trabajo contrarreloj.

John ya saltaba a toda velocidad por las piedras de la playa. Kai y yo salimos detrás de él. Llegamos al pequeño acantilado al mismo tiempo y bajamos por él uno tras otro. John aceleró entre las piedras y agarró el cabo de la lancha. Los tres comenzamos a tirar de él. Por alguna razón desconocida, alguna ley de la geometría física que regía en ese momento, lo único que conseguíamos al tirar de la cuerda era que la lancha se acercara más a las rocas. Nos detuvimos un instante, intentando averiguar cómo solucionar el problema mientras la lancha se dirigía hacia su ruina. Sólo disponíamos de unos segundos para consideraciones y tirar con todas nuestras fuerzas parecía ser la única alternativa. A todas luces era una respuesta desesperada, pues carecíamos del tiempo suficiente para recoger la cuerda y evitar que la lancha se estrellara.

«No hay otra opción. ¡Tenemos que tirar!», gritó Kai.

Y, sin ningún optimismo, volvimos a agarrar la cuerda y tiramos.

En unos segundos estábamos agotados por el esfuerzo, empleándonos a fondo, previendo una catástrofe que parecía inminente e inevitable. Y, de repente, cuando la lancha estaba a tan sólo un par de metros de la primera roca, el viento se detuvo casi por completo. La lancha dejó de moverse y empezó a deslizarse con la marea de vuelta hacia la boya. Unos minutos después, el vendaval había quedado en nada, el viento *foehn* reaparecía y el sol volvía a brillar.

Aliviado, John volvió a echar el ancla y Kai y John nos dirigimos al campamento. Mientras caminábamos, me giré para observar el contrafuerte de piedra. Lo bañaban unos haces de luz quebrados por las nubes. Aunque las

sombras iban y venían, la cara del acantilado seguía brillando bajo el último sol de la tarde.

GRAZNIDOS Y MITOS

Nuestras pesquisas para recabar nuevas pruebas del fondo oceánico original nos habían conducido hasta la orilla sur del fiordo Arfersiorfik, lejos de los basaltos almohadillados y de la roca que olía a vello quemado, hacia el oeste. Tan al oeste como nos era posible con los recursos de combustible y tiempo de que disponíamos si queríamos regresar al campamento.

El día estaba claro, soplaba un viento suave del norte, la temperatura era más alta de lo normal. Había sido una mañana larga y productiva: habíamos recogido algunas muestras valiosas, realizado mediciones importantes de la estructura de la roca y observado ciertos indicios que confirmarían el tipo de historia metamórfica que estábamos buscando. Decidimos hacer un alto para un almuerzo rápido al abrigo de una quebrada cercana a la orilla. John condujo la Zodiac hacia la playa y levantó el acelerador justo antes de detener el motor y sacar la hélice del agua.

Kai y yo saltamos en cuanto vimos la grava del fondo, arrastramos la lancha hasta dejarla fuera del alcance de la marea y la amarramos enseguida.

Divisamos una pequeña hondonada de piedras calentadas por el sol, nos quitamos la mochila y preparamos el almuerzo. Mientras dábamos cuenta de los arenques salados y del pan de centeno, bebiendo café del termo, repasamos lo que habíamos visto y lo que aún nos quedaba por explorar siguiendo la línea de la costa, hacia el oeste. Durante la conversación se levantó el viento, que empezó a soplar con fuerza desde el noreste. Vimos cómo el camino imaginario de agua por el que habríamos de navegar de vuelta al campamento se embravecía. Luchar contra una fuerza así nos haría el regreso bastante complicado, por lo que decidimos cruzar cuanto antes a la orilla norte, para navegar a sotavento de las colinas y los riscos. Aquella zona todavía no se había explorado desde un punto de vista geológico, por lo que el nuevo plan nos permitiría añadir información al mapa del terreno en el que trabajábamos, aún escaso. Acortamos el almuerzo y, tras guardarlo todo en la mochila, escapamos trastabillando del pedregal hacia la playa y sacamos la lancha al mar.

El primer punto de interés en la orilla norte era la enigmática área blanquecina que aparecía en una de las fotografías aéreas que utilizábamos para planificar el trabajo. En esa vieja imagen, realizada desde una altura de cientos de metros varias décadas atrás, se veía, al borde de la orilla norte y separada del agua por una pequeña península, una zona blanca, borrosa, de casi un kilómetro de ancho, como un error de la fotografía. Parecía caer hacia una pequeña ensenada que se abría al fiordo y estar rodeada por abruptos acantilados pero, aparte de eso, no había rasgo alguno que especificara su naturaleza. La blancura contrastaba nítidamente con los grises apagados y los negros de la tundra, el agua y el gneis que la rodeaban.

Como la marea estaba creciendo, John puso rumbo a la orilla septentrional, una trayectoria que nos dejaría a menos de un kilómetro al oeste de la ensenada, de modo que pudiéramos acceder a ella con la marea entrante.

Contra una corriente de cinco nudos, nos llevó veinte minutos recorrer los tres kilómetros de aguas abiertas que nos separaban de la margen opuesta; veinte minutos a la espera, anticipando la mancha blanca que debía aparecer sobre la orilla y que quedaba oculta por un acantilado. Cuando llegamos a la ensenada, John viró la Zodiac y dejamos que la marea nos arrastrara hacia el este, siguiendo la línea de la orilla. Estábamos a punto de resolver la incógnita y crecía la expectación.

A unos cien metros de la ensenada, sorteamos el ángulo del acantilado y obtuvimos la primera visión del terreno. Justo donde terminaba el agua, un arrecife plano, formado por el gneis de la roca madre, de varias decenas de metros de ancho y quizá cincuenta metros de largo, creaba un pequeño bajío que sobresalía unos centímetros de las aguas crecientes del fiordo. Sobre el gneis había actuado la erosión del agua salada, rebasándolo y retirándose una y otra vez, sin fin. La foto aérea de la pequeña península debió de hacerse cuando la marea era mucho más baja. John dirigió la Zodiac hacia allí.

La informe área blanca resultó ser una enorme planicie mareal de limo finísimo, rodeada por una amplia playa blanquecina que terminaba en abruptos acantilados de arenas y cienos también blancos. Éstos se recortaban en estratos sedimentarios depositados por las corrientes de agua que habían brotado de la base del manto de hielo durante miles de años. La apariencia de los sedimentos —los estratos frontales cubiertos por unos cuantos metros de limo blanco y plano— daba a entender que las antiguas mareas debieron de formar anchos deltas en su entrada al fiordo helado. Aunque el frente del hielo actual se hallaba a más de sesenta kilómetros al este de donde nos encontrábamos, su límite debió de estar a un kilómetro, más o menos, cuando los sedimentos blancos empezaron a depositarse y conformar el delta. La planicie mareal estaba formada por esos mismos sedimentos, cincelados y depositados de nuevo por el flujo y el reflujo de las mareas y por las lluvias estacionales, a lo largo de miles de años, desde que el hielo empezó a derretirse.

La blanca superficie de la planicie mareal estaba completamente desnuda, un perturbador desierto ártico, una membrana yerma protegida por un apéndice de la roca madre a la entrada del fiordo. Cuando quedaba expuesta, durante la bajamar, el limo se secaba un poco y tomaba un cromatismo blanquecino, poco definido. No tardamos en comprender por qué no crecía ninguna vegetación: los ciclos mareales mantenían la salobridad del limo y los depósitos glaciares carecían de nutrientes.

Atravesé a pie la pequeña península hasta el límite de la sedimentación y me puse de rodillas. Nada destacaba en aquella superficie perfectamente horizontal, la extensión de tierra más plana y monótona que uno pudiera imaginar. Sobre ella fluía apenas un centímetro del agua del fiordo, avanzando con lentitud conforme crecía la marea. La luz de la tarde refulgía en el espejo del agua, reflejando el cielo pálido y los acantilados blancos.

Sin nada que cazar o recolectar en la zona, parecía improbable que alguien hubiera venido alguna vez a perturbar la quietud del lugar. El aura de aridez que lo impregnaba todo devolvía la imagen de unos tiempos mucho más antiguos, hace miles de millones de años, cuando aún no había plantas en la superficie terrestre, cuando las colinas y los valles y las llanuras onduladas de una tierra más joven eran roca y arena aventada. La vida en aquella época sólo pudo florecer en contextos húmedos, sumergida, cubierta por el limo líquido y pringoso.

Seguí caminando sobre la roca madre de la orilla, alrededor del limo que se secaba al sol. Brillante, suculento, calmo, tal cromatismo a las puertas de la blancura nívea se hacía irresistible. De rodillas, mientras metía los dedos en él, me pregunté cuál sería su profundidad.

Resultaba extraño ver cómo los dedos atravesaban ese primer centímetro sin percibir resistencia ni sensación alguna, a causa de la delicadeza del fango, la cantidad de agua que lo impregnaba y el perfecto equilibrio térmico con el aire. Metí el brazo y era como atravesar una pared mágica que llevara a un reino distinto, un lugar en el que todo era ajeno e imaginario.

Justo al atravesar la superficie blancuzca y arcillosa, comenzó a correrme entre los dedos un lodo orgánico negro, fluido, reluciente. Cuando la membrana de arcilla protectora se rompía, la biología subyacente, en pleno desarrollo, lanzaba al aire el efluvio sulfuroso de un mundo primitivo y complejo.

Hace tres mil millones de años, comunidades de vida unicelular colonizaban las planicies y remansos mareales de la Tierra. La vida florecía sin control, libre de toda limitación salvo la que impusieran los nutrientes y las reservas de agua. Las arcillas superficiales en las planicies protegían las frágiles moléculas orgánicas de la radiación ionizante ultravioleta, y conservaban la humedad necesaria para los procesos químicos de la vida. Los ciclos mareales reabastecían de todo aquello que se agotaba; la luz del sol mantenía el calor. Yacer allí, en aquel cieno mudo, era estar en el lugar del que procedíamos, en los vestigios de nuestro hogar.

John y Kai se encontraban a quinientos metros de mí, midiendo el rumbo y la inclinación de los estratos coloreados que componían el gneis de la roca madre, describiendo unas estructuras muy posteriores a los procesos primigenios con los que yo fantaseaba. Al final me acerqué a ellos, con las manos goteando del fango que comenzaba a secarse.

En ese momento, Kai se giró hacia la Zodiac y dijo: «Caballeros, tenemos que darnos prisa. La marea va a llevarse la lancha». Rompí una última muestra con el martillo, la etiqueté, la guardé rápidamente y corrimos hacia la orilla.

Navegábamos a toda velocidad por el fiordo, aguas adentro, cuando oímos un gemido agudo, doliente, imponiéndose sobre el ruido del motor. Ante nuestra incapacidad para encontrarle sentido, decidimos ignorarlo. Persistió, sin embargo, la extrañeza; se volvió ineludible. John no tuvo más remedio que reducir la velocidad para que pudiéramos escucharlo.

El sonido procedía del otro lado del fiordo, a más de tres kilómetros: desgarrador, plañidero, melódico. Mientras lo escuchábamos, cobró el tono de una coral sinfónica de voces femeninas.

Acordamos que sería irresponsable no investigar: tal vez se tratara de un endeble barco pesquero naufragado, tal vez había personas que necesitaban nuestra ayuda, tal vez había ocurrido otra clase de tragedia. John modificó el rumbo y empezamos a rehacer el camino por el que habíamos cruzado el fiordo.

El sonido de los gemidos variaba cuanto más nos acercábamos. Al principio eran quejas quebradas, de una sonoridad plana; poco después estábamos escuchando estallidos impetuosos y chillidos entrecortados. John detuvo la lancha y atendimos de nuevo.

La orilla sur del fiordo era una gigantesca pared de roca que se levantaba desde el agua a cientos de metros, en vertical. Estaba casi por completo en sombra y al principio todo lo que veíamos eran diferentes matices de grises, estructurados según las rocas. Sin embargo, forzando la vista, alcanzamos a divisar cientos de gaviotas volando en círculos, dando vueltas en las corrientes de aire que ascendían desde el acantilado. La pared era, en realidad, un lugar de cría para las aves. Por el número y la intensidad de los graznidos, parecía que algo las había asustado; tal vez un zorro ártico, tal vez el ruido de nuestra fueraborda. Quién sabe.

Nos agradó haber sido víctimas de tal engaño, y así regresamos al punto en el que nos habíamos desviado. Al llegar y retomar el rumbo original, volvimos a escuchar los gemidos de antes, el graznido de las aves que parecían desgarradores gritos de angustia.

No era difícil explicar lo que acabábamos de vivir. Sobre las aguas heladas del fiordo se acumula el aire frío y forma una densa capa de un par de metros de espesor. Por encima de ella, el aire es más cálido y menos denso. Dado que la velocidad del sonido varía con la temperatura y la densidad del aire, las ondas sonoras resultan distorsionadas y el tono cambia cuando las ondas se refractan en la atmósfera estratificada del fiordo. En la mayoría de los lugares, los efectos son mínimos y apenas pueden percibirse, escuchamos las mismas palabras que se pronuncian. Pero si las condiciones son adecuadas, la refracción puede ser dramática y el sonido resulta irreconocible. Nuestra pequeña embarcación estaba en el interior de la capa de aire denso y frío, a más de dos kilómetros del lugar en que las aves proferían sus graznidos, y desde allí el sonido se estiraba y maleaba al propagarse hasta formar un espejismo acústico.

Ahora bien, este tipo de explicaciones trivializa la experiencia. Navegando por el borde del fiordo para regresar al campamento se me ocurrió que lo que acabábamos de escuchar era, sin lugar a dudas, el canto mismo de las sirenas, aquellas criaturas míticas que Ulises, atado al mástil del barco, escuchó mientras sus hombres se esforzaban por mantener el rumbo con los oídos llenos de cera para que el sonido no les sedujera y les llevara a su destrucción.

Habíamos accedido a ese lugar por debajo de la superficie de las cosas, donde la naturaleza acoge y permite el nacimiento del mito. La desviación momentánea, de orilla a orilla a través del fiordo, se había convertido en nuestro particular viaje al otro lado de una nueva membrana permeable.

PERDIZ NIVAL

Cuando exploramos territorios salvajes, el aseo es uno de los requisitos imprescindibles para que la convivencia con nuestros acompañantes se desarrolle con la suficiente cordialidad. Bañarse en el agua del Ártico es un deber, no un placer, por indudables que sean sus efectos vigorizantes. Y lo es por dos motivos. El primero es que la mayoría de los arroyos y lagos reciben sus aguas del hielo y son, por tanto, extremadamente fríos. El segundo es que los días claros, soleados, en que no hay brisa y las temperaturas hacen del baño algo relativamente tentador, nubes de mosquitos descienden por cientos, por miles, a darse un atracón en la carne desnuda. La única oportunidad para el baño se presenta al levantarse la brisa que mantiene a raya los mosquitos. Un momento en el que, por supuesto, sumergirse en el agua resulta prácticamente insoportable.

Una de esas oportunidades me llegó un día de julio, cuando el cielo estaba cubierto y soplaba una ligera brisa.

Ya hacía varios días que me había dado el último baño y necesitaba el siguiente con urgencia. Pasé horas armándome de valor, aguardando a que la temperatura subiera uno o dos grados más, hasta que por fin me decidí a coger el jabón y una toalla y a salir del campamento.

A medio kilómetro hacia el este, más o menos, se encontraba el arroyo en el que nadaban las truchas árticas. Se convertía en torrente al atravesar y saltar sobre una garganta cortada en un bloque de roca, justo antes de desembocar en el fiordo. Recibía el agua de tres lagos que se encadenaban, el más oriental de los cuales se abría al borde mismo del manto de hielo. El paseo hasta allí no era difícil y llegué en pocos minutos.

Lo primero que hice fue recorrer la orilla, buscando algún remanso protegido y no demasiado grande. El sitio perfecto surgió antes de lo que me imaginaba, en un meandro. El agua caía a una poza lo suficientemente profunda como para sumergirme por completo y tenía el espacio justo para colocarme bajo la gélida cascada.

Respiré hondo, me desvestí rápidamente y entré. Decir que me quedé sin aliento no le hace justicia al grito que se me escapó y que probablemente oyeron en el campamento. Me estremecía y retorcía mientras una ola punzante y aguda de frío intenso, abrasador, me recorría cada centímetro de la piel. Tan rápido como pude, me enjaboné, me quedé a la intemperie unos segundos y me sumergí de nuevo bajo la cascada para quitarme el jabón. No debí de pasar más de tres minutos, en total, dentro del agua, pero me parecieron horas.

Salí del agua ayudándome de las manos y me puse de pie, como buenamente pude, encima de unas rocas que no dejaban de moverse, para secarme cuanto antes con la brisa helada. Contra la piel roja, ardiendo de frío, la toalla no parecía hacer más que raspar y extender el agua sobre la carne de gallina en que se había convertido todo mi cuerpo. Gateé por las rocas, golpeándome los dedos, hasta los arbustos entre los que había dejado la ropa limpia, y me la puse luchando contra el entumecimiento y el dolor que empezaba a sentir en las manos y los pies. Una vez vestido, me recorrió un escalofrío, en esta ocasión de placer, al verme protegido del viento helado.

El camino de regreso al campamento me llevó primero a una playa de guijarros en la desembocadura del arroyo y después a un acantilado no muy pronunciado por el que me encaramé hasta un resalte cubierto de tundra. Caminaba ya sin prisa, y la sensación de la piel limpia bajo las capas de ropa térmica resultaba estimulante. El agudo picor del frío empezaba a apaciguarse, y daba paso a una renovada capacidad de percepción de la luz, el aire, los olores; tenía la impresión de que el mundo poseía un inédito frescor naciente. La realidad parecía vibrar.

Sumido en tales cavilaciones, mientras caminaba entre las hierbas y las flores de tallo corto del tapiz de la tundra, experimenté una sensación de pertenencia, de que el territorio en el que me encontraba era hospitalario, sensación que vino a sustituir la hostilidad del baño. Me relajé y noté que mis músculos se destensaban.

En ese momento vi, por el rabillo del ojo, algo que se movía a mi izquierda. Seguí andando varios metros, sin prestarle atención, para no perturbar el placer elemental de recorrer un lugar tan pacífico. Sin embargo, ante la posibilidad de que fuera a perderme algo, me detuve, me di la vuelta y regresé por donde había venido. Una perdiz nival hembra, del tamaño de un pollo grande, pareció materializarse repentinamente de la nada y se escabulló veloz a poco más de un metro de donde me encontraba. No se movió más de medio metro antes de hacerse un sitio de nuevo en la tundra y ahuecar las plumas. Tenía que concentrarme para distinguirla, pese a lo cerca que estaba. La disposición de colores de su plumaje reproducía el patrón cromático y la textura de la vegetación en la que se había ocultado. Ante esa mágica invisibilidad, sorprendido, empecé a buscar sin éxito el ángulo que me permitiera identificarla: su mimetismo con el entorno era perfecto.

Para obtener una perspectiva diferente, di un paso a la izquierda, y en ese momento algo más se movió. A menos de un metro por detrás de la perdiz, un diminuto polluelo salió disparado en dirección a la vegetación, donde se desvaneció. Y entonces, casi del mismo lugar, otro más se materializó para buscar el mismo refugio y volverse, también, prácticamente invisible. No quería asustarlos más y decidí dar un paso atrás, lo que hizo que la madre se sobresaltara de nuevo. Corrió hacia los polluelos y los dos, uno contra otro, se quedaron inmóviles. Vi cómo aparecía un tercer polluelo en el mismo lugar en que había estado la madre; había tratado de protegerlo bajo sus alas hasta que la tensión se le hizo insoportable. Apartándome, busqué nuevos polluelos escondidos.

Me puse primero a cuatro patas y después me tumbé por completo, tratando de distinguir la forma de las crías contra el cielo, deseoso de que aparecieran más. En el momento en que mi cara quedó a unos pocos centímetros de la tierra, sentí que me cubrían capas y capas de aromas exquisitos. Descansé unos momentos, echado en el suelo, mientras me envolvía el olor de docenas de flores en las que no había reparado. Amapolas y campanillas árticas se intercalaban entre acederas de montaña, *pedicularis dasyantha*, saxífragas púrpuras y driadas de ocho pétalos. Me encontraba sumergido en un mar botánico, trasladado a un mundo insólito.

Por un momento, me olvidé de las aves y centré la atención en identificar los aromas específicos de cada flor, pero la compleja amalgama de fragancias era superior a mis dotes olfativas. Los aromas iban y venían, como flotando sobre la tierra en oleadas y corrientes, a lomos de una brisa suave y caprichosa, sin rumbo fijo. No era casualidad que los abejorros volaran siempre al nivel del suelo, zumbando de flor en flor. El mapa de su mundo, dispuesto a pocos centímetros de la superficie vegetal, estaba hecho de olores. Se guiaban por placeres olfativos, cada uno de los cuales marcaba la presencia anhelada de una flor en particular. El rastro orgánico, que nosotros percibimos como un aroma, debe de ser más que eso para las abejas. La pregunta es: ¿qué, exactamente?

Feliz con aquel baño aromático, volví en busca de las aves y avisté otro polluelo, un poco más lejos, detrás del sitio desde el que los dos primeros habían salido a luz. La madre se erguía sobre su nidada, haciendo cuanto podía por ocultar a las crías. Al final, probablemente como un último y desesperado gesto, avanzó sola, de forma errática, como si fingiera un ala rota o una herida, para alejar de la nidada al humano gigantesco, al gran invasor.

Sintiéndome culpable por haberme entrometido en su vida como una amenaza, empecé a alejarme, comprendiendo que esos pequeños pájaros conocerían el mundo de una forma que a mí me estaba vedada. A unos pocos centímetros por encima de la superficie, la brisa que a nosotros nos resulta familiar se enrosca y detiene en piedras y bloques de roca y montículos de tundra. Remansos en los que los aromas pueden acumularse y entremezclarse. Un mundo de perfumes cubriría a los polluelos e impregnaría sus alas, se convertiría en el contexto sensorial de sus experiencias vitales, la única realidad que conocerían.

Al levantarme, perdí el rastro de los aromas. Inspiré profundamente, buscándolo de nuevo, pero habían desaparecido del aire que ahora atravesaba.

La lección obvia era que el tamaño importa. Este mundo no está diseñado para nosotros; habitamos y experimentamos una parte muy pequeña de él. Hemos evolucionado para adaptarnos de manera óptima a un volumen determinado de espacio, de hasta dos metros y medio de altura y un par de metros de ancho, aproximadamente. En ese espacio nos movemos bien, pero el mundo que existe en el entramado vegetal de la tundra y las turberas, o en la complejidad formal que habita por debajo de la zona intermareal, o en el caos de las corrientes en las que vuela el halcón nos resulta ajeno. No prestar atención a tales cosas implica una forma de pobreza, de ignorancia.

Hasta cierto punto, la ciencia puede atajar esa ignorancia. Trata de adentrarse por debajo de la superficie de la experiencia y ofrece descripciones de lo que allí encuentra. Cualquiera que sea la escala que tomemos como referencia, los avances científicos nos han enseñado que en el interior de cada ámbito de la vida hay mucho más de lo que la imaginación podría diseñar.

Lo que la ciencia no puede ofrecer o explicar, sin embargo, son las experiencias humanas que tales espacios inspiran, ni qué nos mueve en un primer momento hacia ellos. Conocer la descripción matemática y objetiva de un lugar sólo alimenta el ansia de conocimiento, y ese ansia sigue siendo uno de nuestros grandes misterios constitutivos.

AGUA CLARA

La roca madre, columna vertebral del territorio, modela las impresiones y conduce los vientos. Les marca límites a las mareas, sirve de colchón al hielo. Es impenetrable. Por más muestras que sacamos a golpe y tañido de martillo, nada mana de ella hasta la superficie. Sin embargo, hay agua en su andamiaje cristalizado. Agua heredada de la época en que las rocas eran poco más que sedimentos cenagosos sobre el fondo oceánico. Enterrada y recristalizada lentamente, la retícula atómica de los nuevos minerales en proceso de formación capturó la disposición sistemática de las moléculas de agua y las conservó para futuras consideraciones.

Groenlandia está marcada por la incisión de miles de fiordos, bordeada por incontables islas y escollos, razón por la que su línea de costa tiene la misma longitud que la circunferencia de la Tierra. El manto de hielo que la domina contiene más de dos millones y medio de kilómetros cúbicos de agua congelada. La isla está, en consecuencia, definida de manera esencial por el agua. Sólo cuando uno hace suya esa realidad es capaz de percibir lo inesperado. Resulta fundamental comprender hasta qué punto el agua y la roca comparten un mismo origen.

A bastantes kilómetros del manto de hielo, las aguas del fiordo están libres de limo y cieno, y tienen una apariencia cristalina. Muchos años atrás, cuando me embarqué en mi primera expedición estival hacia Groenlandia, sabía que iba al encuentro de un lugar gobernado por el mar. Pero una cosa es conocer algo en teoría y otra, muy distinta, experimentar su realidad.

Poco después del mediodía de un día inusitadamente cálido, durante aquella primera expedición, observé, mientras caminaba por una cresta no muy alta en el corazón de una humilde península, una pequeña bahía de aguas claras que iban a morir sobre una playa pedregosa, a medio kilómetro de donde me encontraba, a mi izquierda. Las paredes de roca casi verticales que clausuraban los márgenes norte y sur de la bahía se precipitaban directamente hacia el suelo. Allí, el agua debía de alcanzar una profundidad de unos cuatro metros y medio. Los rayos del sol iluminaban el fondo con tanta fuerza que el cromatismo submarino, normalmente oscuro y tenue, fulguraba y penetraba en el aire. Resplandecían todos los matices imaginables de verde, malva y gris, subrayados por estallidos amarillos y azules.

Un tajo casi por completo negro atravesaba el agua, junto a la orilla que quedaba a mis pies. De medio metro de anchura, rectilíneo y cercano a la superficie, resaltaba en agudo contraste, perturbador, contra la asimetría caótica del fondo del mar, donde bailaban los colores. Poco a poco, se desplazó hacia el interior, hacia la playa, como si estuviera a merced de la marea. Al principio pensé que sería un tablón a la deriva, flotando en la corriente, procedente de algún lugar lejano en el que sí existieran la madera y los troncos. Poco después, con un movimiento de ondulación excepcionalmente sutil y oscilante, reveló su verdadera naturaleza: se trataba de un pez que nadaba de forma lenta en el líquido cristalino. No parecía hambriento, ni estar al acecho de algo; parecía, más bien, relajarse bajo la luz del mediodía, absorbiendo sin mayores preocupaciones la serena tranquilidad de cuanto le rodeaba.

Poco después regresé al campamento, fascinado por las maravillas del mundo líquido, y me dije que necesitaba ver más. Teníamos a nuestra disposición un pequeño esquife para realizar excursiones cortas, en las que tomábamos muestras y explorábamos la superficie de los acantilados que rodeaban las bahías próximas.

Pertrechado con cincuenta metros de sedal de monofilamento, un anzuelo sencillo y una plomada de cincuenta gramos, remé hacia la orilla opuesta de la bahía en la que se asentaba nuestro campamento, en dirección a un acantilado que parecía un buen sitio para quien supiera pescar. La tarde estaba terminando; los rayos del sol llegaban sesgados, a escasa altura, e iluminaban la pared de la roca con una elegancia cimbreante. Dejé de remar y observé el fondo del agua con curiosidad. Todo lo que allí había —las piedras recubiertas de algas, los peces, los crustáceos, el lecho empedrado— brillaba y fluía, provocando cierto vértigo. Algo parecía manipular la luz, antinatural, siniestra.

En la bahía desembocaba el pequeño arroyo que discurría por detrás del campamento. Desde las tiendas oíamos el murmullo del agua al saltar sobre las piedras y adentrarse entre la vegetación, absorbiendo el calor del sol y de la superficie terrestre. El agua de la bahía tenía una temperatura glacial. Cuando el arroyo entraba en el mar, flotaba como una lengua de agua dulce sobre la fría densidad del agua salada. El resultado era una capa de aguas continentales de varios centímetros flotando por la bahía, a lomos del mar. La superficie de contacto entre el agua dulce y el agua salada se volvía una frontera de densidades dispares que se mezclaban en pequeños remolinos y diminutas olas internas. La disparidad térmica y de composición de las masas de agua desviaba la luz que se reflejaba en el fondo, distorsionando las formas, confundiendo los colores.

Me asomé por un lado y metí los dedos en el agua dulce. Me incliné un poco más y los dedos atravesaron la capa divisoria, dúctil. Observé la desintegración indolora de mi propia carne en un baile de abstracciones arremolinadas, cómo la mano se me hacía irreconocible.

Cuando saqué la mano del agua y continué remando hacia el acantilado, la bahía cobró un aura mágica, como si accediera a un mundo que aguardara a ser contemplado. Por encima de la línea del agua había una serie de franjas blancas y marrones, los tonos oxidados típicos de los gneises ricos en sulfuro y los esquistos de la zona. Al aproximarme a la pared, sin embargo, me resultó evidente que el cromatismo sumergido era muy distinto. La superficie del agua se convertía en una interrupción, y separaba el mundo submarino de los estratos terrestres con asombrosa precisión. Por debajo, no había indicio alguno de la obvia estratificación del terreno. En su lugar, la pared mostraba una tonalidad intensa de morados oscuros. La profundidad allí era al menos de diez metros y aunque el fondo, claramente visible, era una mezcla heterogénea de bloques de roca pálidos, tierra y grava, toda la pared presentaba una única coloración violácea, dramática, desde la superficie hasta el fondo.

Tuve que acercarme a unos pocos metros de la cara sumergida del acantilado para que los tonos malva se revelaran, finalmente, como miles de erizos de mar, una población tan densa que sus púas se enmarañaban hasta formar un único tejido orgánico, acerado. Era una aglomeración de decenas de metros, en los que apenas existirían unos centímetros de espacio libre. Desde tan cerca, podía verse que aquella superficie morada aparentemente estática temblaba con el movimiento sutil con que cada erizo se abría paso en ese bosque de individuos, los caparazones sumiéndose con dificultad en la corriente, alimentándose de los restos de algas que sus vecinos hubieran pasado por alto. Me dejé llevar varios minutos a la deriva, al borde de la pared de roca, extasiado ante la naturaleza del erizo, la complejidad biológica de otros seres de procesos mentales imperiosos, urgidos por la necesidad de la alimentación.

Me alejé de la pared para continuar con la exploración del fondo submarino, a unos diez metros de profundidad, cuando algo borroso, justo por debajo de la superficie, captó mi atención. Parecía un cable flotando en el agua, iridiscente, rizándose de forma leve pero constante en el movimiento de olas invisibles. Después, como si se hubiera levantado un velo, vi que el cable se convertía en toda una colección de cientos de cables, bailarines de un lento ballet en la suave corriente. Subí los remos al bote y me incliné sobre la borda, tratando de averiguar de qué se trataba. Eran cientos y cientos de nueces de mar, invertebrados marinos cuya apariencia es similar a la de la medusa pero que pertenecen al filo Ctenophora (las medusas, en cambio, pertenecen al filo Cnidaria). Cada una de ellas poseía la forma de un farol de unos diez centímetros de longitud y cinco centímetros de ancho. Y en todos se apreciaban ocho finos cilios que brillaban con un cromatismo iridiscente al vaivén de sus movimientos, impulsándose con golpes rítmicos, haciendo ondular en toda su longitud sus cuerpos casi transparentes, como si fueran los filamentos de algún arcoíris revolcándose en el agua clara. Estaban alrededor del bote, por todas partes, hasta donde me alcanzaba la vista, sumergiéndome en un mundo de magia reluciente y colorista.

Lo único que podía hacer era renunciar a la voluntad y dejarme mecer entre ellos. Me tumbé en el barco, con la cabeza asomada por la popa, y me dediqué a contemplar aquel espectáculo mudo de luz y color, hipnotizado, mientras el esquife giraba despacio a merced de la marea.

UN RÍO DE PECES

Conforme transcurrían los días y acumulábamos indicios que probaban las primeras teorías de Kai y John, parecía confirmarse que la hipotética zona de sutura se encontraba en el área que estábamos estudiando; que era su mapa lo que estábamos trazando. Al percatarnos de ello, nos dispusimos a estudiar la relación entre las viejas rocas magmáticas que Kalsbeek y sus colegas habían encontrado en 1987 y la zona de sutura que pisábamos. Los mapas geológicos disponibles parecían mostrar que los cuerpos magmáticos no se extendían al norte de la zona de cizalla del Nordre Strømfjord. ¿Era ésta una relación geológica fortuita o significaba que la zona de cizalla se fragmentaba en las cámaras de magma solidificado por medio de procesos tectónicos masivos que desplazaban el resto del complejo ígneo a alguna ubicación desconocida? Los gneises de lapicero de la zona de cizalla indicaban que el magma, una vez enfriado y solidificado, había sufrido un proceso de intensa deformación. Si los gneises de lapicero eran la única deformación significativa que se conservaba en los cuerpos magmáticos, y si los cuerpos magmáticos aparecían deformados de ese modo sólo en la zona de cizalla, ésta resultaría, casi con total seguridad, el elemento tectónico esencial que John y Kai habían descrito tantos años atrás. La incógnita que investigábamos se reducía, así, a la existencia de gneises de lapicero por toda la región o sólo dentro de la zona de cizalla.

Una mañana soleada y algo fría partimos en busca de las rocas magmáticas resultantes de la cizalla en una zona al oeste del campo base. Una vez que las encontráramos y tomáramos muestras de ellas, podríamos determinar la manera en la que habría de ser contada la historia de la gran cordillera perdida.

Cruzamos el fiordo en la Zodiac hasta un lugar en el que las ensenadas y las bahías dejaban los rasgos geológicos expuestos, a nuestra disposición. Una suave brisa que agitaba la superficie del agua facilitaba el viaje y nos animaba por dentro. Hicimos varias incursiones a tierra firme a lo largo de la mañana, pero no encontramos indicios de deformación significativa en los viejos cuerpos de magma solidificado.

Al final de la mañana, la brisa se había disipado, dando paso a una grave quietud. Con ella llegaron las inevitables nubes de mosquitos estivales y el silbido, incesante y agudo, que nos atacaba los nervios. Sacamos los guantes y los sombreros con redecilla y nos los pusimos. Uno se habitúa a trabajar sobre el terreno con tales defensas contra los insectos; la red deja de molestarte pronto y los guantes pueden ponerse y quitarse sin mayor complicación. El problema llegaba a la hora de comer. Optamos por poner pies en polvorosa, escapar con la Zodiac hacia las aguas del fiordo, a toda velocidad, para perder de vista a esos chupadores de sangre. Teníamos agua y comida en las mochilas y John arrancó la fueraborda. En cuanto nos alejamos por el espejo de la superficie marina, la nube de mosquitos desapareció y respiramos aliviados, quitándonos los sombreros y los guantes.

Cuando estuvimos fuera del alcance de los insectos, John apagó el motor y dejó que la lancha flotara a merced de la marea creciente, trazando lentas circunferencias. El fiordo parecía una superficie de cristal reluciente y el único sonido que interrumpía aquella quietud era el golpeteo rítmico del agua contra un lateral de la lancha. Unos bloques de hielo no muy grandes, procedentes del manto, nos alcanzaron y rebasaron, derritiéndose progresivamente hacia la inexistencia. No pronunciamos más de cuatro palabras, y nos permitimos el callado placer de absorber el calor del sol y las sensaciones del lugar. No teníamos prisa en terminar la comida habitual: pan, sardinas y queso, todo regado con café del termo.

Al concluir la comida y poner rumbo a la orilla, la brisa había regresado. Los mosquitos volvieron en cuanto ganamos la playa, pero el movimiento del aire los mantenía a raya, nubes oscuras de insectos frenéticos, agresivos, aparentemente incapaces de soportar el hecho de que no podían alcanzarnos. Nos quitamos las redecillas y los guantes.

El lugar en el que habíamos desembarcado era una pequeña playa pedregosa cerca de un afloramiento bastante amplio de gneises un poco inclinados. La estratificación de la roca discurría perpendicular a la línea de la costa, lo que significaba que no era difícil atravesar rocas de todo tipo al caminar, ensamblando fragmentos de una historia larguísima según tomábamos muestras y medidas.

Me adelanté un poco a Kai y John, que discutían sobre algo relativo a los gneises que no me interesaba. El cielo mostraba un azul tan brillante que parecía tener luz propia. El océano, por lo general de un cobalto intenso al reflejar este tipo de cielos, poseía una palidez turbia, verdosa, por culpa del fino polvo de roca que se adentraba en el fiordo, flotando con el agua procedente de la licuación del manto de hielo a sólo tres o cuatro kilómetros hacia el este.

Poco después, al rodear un promontorio, me encontré ante una extensión de roca pulida, blanquísima, con estratos negros plegándose en formas intrincadas y retorcidas, como un acordeón. La recorrí de un lado a otro varias veces, disfrutando de la belleza tranquila de la piedra mientras intentaba encontrarle una explicación científica. Resultaba irresistible pensar que algún ceramista anónimo fuera el feliz culpable de semejante fantasía lírica.

Tras varios minutos, saqué el cuaderno y, a cuatro patas para observar más de cerca los minerales de la roca, empecé a escribir la historia que parecía revelarse. La textura de la roca quedó grabada en la palma de mis manos. En algunos lugares era suave como el cristal, pulida por los glaciares de la Edad de Hielo que la habían cubierto de agua y cieno miles de años atrás; en otros, en cambio, la superficie lisa se había fracturado, dejando a la vista zonas tachonadas de cristales fracturados de cuarzo, feldespato y hornablendas. Pasé la mano por encima de los bordes de las texturas, tratando de experimentar en mi propia piel el conflicto entre lo terso y su quiebra.

El ambiente era calmo. Groenlandia a menudo resulta gélida, incluso cuando sale el sol. Sin embargo, las temperaturas de aquel día permitían que el afloramiento rocoso absorbiera los rayos de sol e irradiara una benigna calidez. Me quité la mochila y la chaqueta y me tumbé de espaldas, sintiendo cómo el calor se filtraba por la camisa, recorriéndome el cuerpo. Durante varios minutos, inmóvil, saboreé la exquisita voluptuosidad del mero contacto con la tierra. Poco después, mirando hacia mi derecha, sin un solo ruido, la vastedad de la pared de hielo que era el horizonte de nuestro mundo convocó mi atención.

Allí no había playa alguna; no había más que un océano fronterizo de roca blanca. No muy lejos, los pequeños bloques de hielo desprendidos del manto flotaban en la marea que comenzaba a retirarse.

Me di cuenta entonces de que un enorme banco de peces, de una clase parecida al arenque, nadaba en perfecta calma a escasos metros de la orilla. Me asombró que hubiera estado allí todo ese tiempo.

Era un tipo de peces habitual de las aguas abiertas del fiordo, pero siempre los encontrábamos en grupos reducidos o de uno en uno. Normalmente parecían aturdidos, aletargados, dando coletazos de un lado a otro, como si carecieran de la energía suficiente para mover la cola y las aletas de forma coordinada. Sin embargo, el banco junto a la orilla nadaba con un propósito claro, como un río que se acercara poco a poco a la cabeza del fiordo. Se habían agrupado donde la corriente era más superficial, cálida, protectora. Miles de ellos, moviéndose como una única veta de varios metros de ancho, extendiéndose desde la superficie hasta las profundidades ocultas por la turbidez del agua. Era imposible conocer la longitud de ese río viviente; se extendía más allá de mi campo de visión en ambas direcciones. Me quedé sentado, atónito, reflexionando sobre el imperativo gregario que conducía a tantos individuos hacia un destino común, que no podían conocer.

De repente, el río de peces estalló y se dispersó en ráfagas en todas las direcciones, alejándose de un mismo punto, concreto, frente a mí. Un frenesí aterrorizado parecía poseer a cada uno de los peces. Las aguas se agitaron en una sacudida de colas y aletas; si hubieran tenido voz, habrían llenado el aire de gritos de pánico.

Entonces, antes incluso de que tuviera la oportunidad de incorporarme sobre el codo, unas fauces descomunales surgieron de las profundidades opacas del océano. Se trataba de un enorme *Myoxocephalus scorpius*, el esculpino ártico o *ulk*, en danés, en busca de presas. En un santiamén, el oscuro pez apresó a uno de los rezagados y, mientras el arenque se retorcía inútilmente entre sus mandíbulas de más de diez centímetros, volvió a internarse en la negrura del fondo.

El *Myoxocephalus scorpius* no es un pez bello: puede describirse como una cabeza huesuda, un cuerpo espinoso y una boca llena de dientes afilados. Habita en las profundidades y presenta tonalidades oscuras, entre el marrón y el gris, con manchas atezadas, un cazador oportunista que se alimenta de peces pequeños y lentos. Aquél era el primer ejemplar que veía.

Durante unos diez segundos, el resto de peces nadaron dispersos y confusos, sin saber qué hacer o adónde dirigirse. Y finalmente, sin que lo precediera ninguna señal obvia, volvieron a reunirse hasta convertirse en lo que habían sido, momentos antes, una forma vibrante de vida en busca de un destino ignoto, ignorando ellos mismos el episodio de muerte que acababa de atravesar su grupo.

Los peces son criaturas sencillas, sin capacidad para soñar éxitos o futuros; no imaginan historias pasionales ni destinos lejanos. ¿Cómo se vive entonces el miedo a la muerte si uno es incapaz de imaginarla? ¿Cuál es la sensación individual que impulsa a una migración inconsciente, sin otro fin que el de garantizar la supervivencia de la especie? ¿En qué consiste la experiencia de seguir a otros, de moverse hacia lo desconocido, hacia algo informe e indefinible pero, a la vez, irresistible? ¿Qué es la vida cuando no existe conciencia del deseo ni imaginación?

El mismo drama de vida y muerte se repitió cuatro veces más ante mis ojos. En cada una de ellas, una franja móvil de seres se desintegraba en un estallido de vida, el *ulk* emergía, se hacía con otro pez y volvía a hundirse en las profundidades impenetrables. Cuando me marché, aún era incapaz de vislumbrar el final de aquel río de peces.

Esa misma noche, en la tienda común, con el ruido de fondo de Kai abriendo paquetes de sopas liofilizadas y verduras para la cena y los borbotones del agua hirviendo sobre el Primus, reflexioné maravillado ante la universalidad de la lucha por la supervivencia, de la lucha contra la muerte, que se desplegaba en todo el territorio. La superficie de la isla estaba cubierta de huesos de ave, calaveras de zorros árticos y cuernas de renos: donde fuéramos, el blanco apagado, óseo, salpicaba las superficies de tonalidades más oscuras, testamento de los procesos que impulsan el cambio evolutivo. El futuro nace sin fin de la materia ósea.

En este mundo manufacturado, constreñido al diseño humano, hemos perdido la capacidad de conocer aquello de lo que formamos parte. Somos el producto de cambios que se han desarrollado durante miles de millones de años, cambios sobre los que nuestros empeños no han dejado rastro alguno. Para entender verdaderamente lo que somos, y el todo al que pertenecemos, es necesario conocer el mundo salvaje, el mundo ajeno, el lugar en que descansan los huesos.

Cuando terminamos de cenar, John y yo llevamos los cubiertos y los utensilios de cocina a la roca que se había convertido en nuestro lavavajillas favorito. John era el encargado de enjabonar. Mi desempeño a la hora de quitar todos los restos de comida era bastante pobre, así que acordamos que me dedicara al secado. Esperando cada plato, cada cacharro, contemplé la superficie del agua, sumido en mis pensamientos.

Tras unos pocos segundos, me giré hacia John y vi una nube de mosquitos revoloteando a sus espaldas, detenidos por la más suave de las brisas. Agarré un plato lleno de jabón y lo agité en el aire, entre los insectos. Le di la vuelta al plato y se lo enseñé a John. Había treinta y siete mosquitos aplastados sobre los quince centímetros de superficie jabonosa del plato. John sonrió, me quitó el plato, lo limpió de nuevo y lo enjuagó con el agua de la tundra. Al fin y al cabo, era posible que la diferencia entre el *ulk* y yo fuera, dentro de ese orden natural de las cosas que nos acogía, más pequeña de lo que habría deseado.

# IMPRESIONES III

*Observa el hueco en que el árbol crecía,*
*¡Oh, Tierra, tanto cambio has contemplado!*
*La bulla de esas calles donde un día*
*reposaba el mar interior, callado.*

*De las colinas, memoria que fluye*
*de forma en forma, nada permanece;*
*se levanta como la niebla que huye*
*la tierra, nube que se desvanece.*

ALFRED TENNYSON, IN MEMORIAM A. H. H.

A mi izquierda, un pequeño terraplén de tundra de casi un metro de espesor; a mi derecha, una playa de guijarros. Junto a mi rodilla yacen cuatro huesos, blanqueados, descascarillados, que emergen de la tundra como tallos perlinos: una vértebra, parte de una costilla y dos más que soy incapaz de identificar. A unos centímetros del suelo, el vaivén de la brisa mece una breve mata de flores blancas entre la alfombra suave de hierbas, ya flácidas, moribundas. Los huesos sobresalen de la vegetación hasta la mitad. El fragmento de costilla es más largo que mi dedo gordo y más o menos del mismo grosor. Por el tamaño, se diría que son los restos de un reno.

La tundra comenzó a crecer hace seis mil años, cuando terminó la última edad de hielo y las masas glaciales empezaron a retroceder, derritiéndose. Para que los huesos se encuentren enterrados a tal profundidad, entre la maraña caótica de raíces y armazones florales, el animal al que pertenecieron debió de morir aquí hace tres o cuatro mil años.

Fue en aquella época cuando los primeros humanos se asentaron en Groenlandia, procedentes de las islas del noreste de Canadá. Antes, los renos y los bueyes almizcleros se movían libremente por la región. ¿Tendrían miedo de aquellos extraños ataviados con pieles ajenas? ¿Huirían de ellos o se quedarían, curiosos, a observar al carnívoro desconocido? Comenzaba a peligrar su dominio del territorio, que les había pertenecido durante miles de años, así como las estrategias de supervivencia heredadas, afinadas por su propia existencia en un mundo libre de seres humanos. Observando los huesos, me pregunto si estoy ante los vestigios de uno de aquellos primeros encuentros.

Durante milenios, la vegetación se ha apropiado de los restos del reno, reorganizando los elementos y componentes de la carne y los huesos del animal en brotes, estambres, pistilos y formas foliares. Aquello de lo que no se apropió o no le resultó útil, regresó al fiordo salobre. Los ciclos mareales y los vientos se llevaron a las profundidades del océano el resto de componentes, al permitirles fluir entre los sedimentos, el plancton y las ballenas. El hueso blanquecino y descascarillado, menos soluble, conserva todo lo demás.

Levanto la mirada y observo los bloques de hielo a la deriva sobre la superficie grisácea del fiordo, agua sobre agua en una danza coreografiada por la luna, el sol y el océano.

# EMERSIÓN

*Dejas atrás tu casa, tu país, abandonas el barco y a los compañeros de la tienda de campaña, y dices: «Voy fuera, puede que tarde en volver». La luz al otro lado de la ventisca te tienta. Caminas, y un día entras en el corazón abierto del silencio, donde las tierras se desvanecen y los mares se evaporan y los hielos se subliman bajo estrellas desconocidas. Tal es el final de la Via Negativa, el confín sin luz en el que las laderas del conocimiento van a morir, en el que comienza el amor sin objeto y sin más motivo que el amor mismo.*

ANNIE DILLARD

MAREA


En la naturaleza virgen, el silencio no es sólo la ausencia de sonido. Es una marabunta de voces que no podemos oír porque carecemos de los órganos apropiados. Es la enormidad del espacio en la que repiquetean las posibilidades no realizadas, vivas o inertes, animadas o inanimadas: el eco de los dinosaurios, el murmullo de los trilobites, el batido de las alas de los pterodáctilos.

Salgo de la tienda para comprobar si hay café preparado y la quietud me serena a mí también. Caminando por la tundra hacia la tienda común, rodeado de esa magnífica calma, la fragilidad de nuestras cuatro tiendas me resulta sobrecogedora. Vueltas sobre sí mismas, provisionales, endebles, vulnerables, cada una de ellas amarrada a unas cuantas piquetas de aluminio clavadas unos quince centímetros en la tundra esponjosa. Al observarlas resulta imposible ignorar la dimensión de nuestra propia insignificancia.

Según me agacho para entrar en la tienda común, el aroma —Kai ya ha hecho café— me alivia y me reconforta. Varios minutos después aparece John y comenzamos a planificar el día.

A unos once kilómetros al oeste del campamento está Tunertoq, una isla que aún no hemos explorado. Se encuentra sobre el supuesto borde septentrional de la zona de cizalla, lo que la convierte automáticamente en el destino estrella de la jornada. El desayuno es el habitual: copos de avena y un poco de leche en polvo con azúcar, seguido por una combinación personal de pan, galletas, queso y unas lonchas de jamón. Repasamos los cabos y las bahías que hemos de visitar en nuestra búsqueda de nuevos fragmentos de ese borde, y cuánto tiempo nos llevará cada tramo. Si queremos describir la forma de la zona de colisión hemos de delimitar la geometría de la zona de cizalla. En cuanto tenemos claro el itinerario, guardamos el almuerzo, recogemos martillos, brújulas, navegadores GPS, bolsas de muestreo y el resto del equipo, y nos dirigimos a la playa de piedras en la que está amarrada la Zodiac.

John tira de la lancha y sube a bordo. Yo desato el cabo, la empujo y me subo a ella con las botas caladas. Tras unos cuantos tirones de la correa de arranque, la fueraborda emite un rugido y expulsa una breve nube de humo azul que se aleja sobrevolando la superficie del agua. John nos lleva marcha atrás, lentamente, hacia el fiordo. Kai y yo nos colocamos en la proa, uno a cada lado. Comprobamos que todo está organizado y asegurado y entonces John cambia la marcha, gira hacia el fiordo y abre el estrangulador. El motor cobra vida con un ruido violento.

A medida que ganamos velocidad, la proa cae y la espuma se levanta a nuestra espalda. Nos impulsamos en vuelo, casi sin tocar la superficie del agua. El fiordo posee la suavidad de un cristal, apenas se aprecia un leve oleaje en el estrecho de Davis. El sol centellea en las gotas de agua que se forman a la estela del barco, un millón de estrellas de agua reluciendo y brillando en el aire fresco de la mañana. Kai y yo nos calamos los gorros, nos subimos el cuello de la chaqueta y nos abrochamos el anorak para protegernos del viento que golpea contra la lancha.

Aunque todo nuestro espacio emocional ha sido ocupado por la intriga de posibles hallazgos, nada hay más profundo que el asombro de, simplemente, estar ahí. La pureza absoluta del lugar se cuela en la vivencia de ese terreno categórico de roca, agua, hielo y vida. La belleza es arrebatadora y nos atraviesa el corazón. Y con ella se abre camino una creciente inquietud.

¿Cómo es posible que un grupo de sustancias químicas orgánicas y unos cuantos oligoelementos sean capaces de conformar una estructura viva que, al observar un paisaje, sienta tal asombro? ¿Qué sentido tiene que una criatura sepa de la belleza y de su existencia en lo más profundo de los territorios salvajes? La ventaja evolutiva de experimentar serenidad cuando se recorre un lugar seguro y pródigo es obvia. Sin embargo es aquí, en un paraje en el que la vida es ardua y la supervivencia una batalla, donde me inunda la más profunda sensación de paz, de pasmo, frente a la visión sublime que fluye a mi paso.

La isla de Tunertoq, en la vertiente norte del fiordo Arfersiorfik, posee treinta kilómetros de largo y seis y medio de ancho, extendiéndose de oeste a este. Detrás de ella, un complejo entramado de fiordos y bahías se despliega hacia el norte y el este a lo largo de sesenta y cinco kilómetros, para terminar junto al manto de hielo interior. Allí, bajo el hielo, nacen ríos inmensos, que vierten sus aguas licuadas al agua salada de los fiordos. Cuando la marea baja, esa red de venas y arterias abastece al Arfersiorfik de enormes cantidades de agua, tanto del glaciar como del mar capturado. Y al contrario, durante la pleamar, la dirección del flujo cambia y es el fiordo el que suministra el agua que mantiene los ríos interiores.

La isla es una obstrucción en esa compleja maraña líquida, un cuello de botella inmenso y sólido, situado en el punto exacto que el agua utiliza para entrar y salir del Arfersiorfik. Los mares interiores no disponen más que de dos estrechas vías de acceso, una a cada lado de la isla, para sus movimientos de flujo y reflujo. Puesto que en Groenlandia la amplitud de las mareas puede llegar a ser de unos seis metros, en los momentos en que la pleamar alcanza su máximo nivel, esas vías soportan el paso de inmensas cantidades de agua.

John, con su sempiterna gorra de béisbol azul y gafas de sol, se sienta a estribor de la fueraborda. Kai y yo equilibramos el peso en la lancha, ajustando nuestra posición para mantener la proa baja a esa velocidad y estabilizar la embarcación. Los trajes salvavidas están en sus respectivas bolsas, encajados a uno de los lados. Sólo nos los ponemos los días más ventosos o cuando las aguas están picadas. En todo caso, el resultado más probable de una caída al mar, a esas temperaturas, es hipotermia y muerte rápida. Hoy, con la superficie cristalina reflejando en todo su esplendor el sol de la mañana, un oleaje tan débil y el viento en calma, los trajes serían definitivamente una molestia que preferimos ahorrarnos.

De repente, como si topara con un muro invisible, la lancha se detiene en el agua, zozobrando furiosa de un lado a otro. John cae hacia delante y tira de la palanca que levanta la hélice, sacándola del agua, mientras el motor sigue en marcha emitiendo un ruido agudo. El movimiento nos catapulta a Kai y a mí contra un lateral, y de no ser porque logramos atrapar una de las agarraderas de los flotadores habríamos acabado en el agua. Nos echamos a rodar por el suelo para evitar salir despedidos. La lancha continúa zarandeándose y sacudiéndose, como si tratara desesperadamente de arrojarnos por la borda. Con el corazón y el aliento desbocados, volvemos a nuestras posiciones y miramos a John. Lo primero que se me ocurre es que ha intentado gastarnos una broma, pero soy consciente de que eso no tiene ningún sentido: aunque no carece de humor, arriesgarse a que caigamos al agua no es su estilo. Mientras Kai y yo tratamos de recobrar la compostura, la lancha sigue con su balanceo enloquecido, que no somos capaces de domar. Tanto las profundas arrugas en la frente de John mientras trata de regresar junto al motor como la intensidad de su mirada a estribor dejan claro que algo no va bien.

Reduce la velocidad rápidamente y vira la proa hacia la pequeña vía de acceso en la que empezábamos a adentrarnos, en el extremo oriental de la isla. Cuando la lancha se tranquiliza, acelera un poco y se dirige a nosotros:

«Es la corriente mareal», señala con gravedad.

Seguimos la dirección de su mirada. La superficie del estrecho tiene la apariencia de un río revuelto. El agua se agita y embravece, niega cualquier recuerdo del fiordo cristalino que hemos dejado a la espalda. No podíamos haber elegido peor momento para intentar entrar, pues la fuerza de la bajamar se encuentra en su apogeo. El flujo del agua procedente del otro lado de la isla, en dirección al fiordo, ha alcanzado su mayor intensidad, y provoca una ruptura total entre su propia inercia embravecida y las aguas sonámbulas en las que lucha por integrarse. Los límites entre el invasor y lo invadido son nítidos, consistentes, y ésa es la frontera contra la que hemos chocado de bruces, a toda velocidad.

Con precaución, John dirige la proa un poco más hacia el oeste y aumenta la potencia lo justo para que podamos movernos, despacio, a contracorriente. La lancha gira y golpea la superficie, pero al final se estabiliza en un movimiento manejable. A nuestro alrededor, el agua no deja de bullir, caótica.

Nos reímos con nerviosismo y nos sentamos un poco más rectos. Ansioso, digo: «Ha sido impactante», a lo que Kai responde: «Y aún no ha terminado».

Ambos permanecemos atentos, tensos, aferrándonos con tanta fuerza como podemos a las agarraderas, conscientes de que la situación no está controlada, pero aliviados después de que el movimiento de la lancha se haya calmado. John la dirige con maestría, maniobrando concienzudamente en contra de la fuerza de la corriente. Miramos hacia delante, observando las aguas turbulentas como si buscáramos algo, pero ignoramos por completo de qué se trata.

Entonces, como si emergiera desde detrás de una cortina, una presencia vagamente peligrosa se revela. No cabe duda de que ha estado ahí todo el tiempo, pero hasta ahora hemos tenido cosas más importantes en qué pensar; sobre todo, en no caernos de la lancha. Al relajarnos un poco tomamos conciencia de una nueva amenaza.

Nos sobresalta el estallido de un trueno. Sin embargo, al buscar en el cielo nubarrones de tormenta, no los encontramos. Éste no ha perdido su azul pacífico, con algunos cúmulos algodonosos dispersos; no obstante, el estruendo continúa reverberando a nuestro alrededor, incesante: un rugido hondo y batiente.

La Zodiac se mantiene sobre la superficie gracias a los flotadores hinchables de goma, que conforman la proa puntiaguda y cada uno de los laterales. Otros dos tubos hinchables cruzan el interior como refuerzo, y sirven también de asientos. El suelo tiene una capa de caucho sobre la que se han añadido unas finas tablas para darle estabilidad y rigidez. Es a través de ese revestimiento por donde nos llegan los bramidos.

No tardamos en darnos cuenta de que el sonido ha de proceder de las enormes rocas propulsadas por la marea, que caen contra la pared y el fondo del fiordo, esculpiendo en los gneises y esquistos del lecho un secreto paisaje submarino. Pasan los minutos y el bramido persiste desde el agua, atravesando la frágil embarcación y, desde ahí, propagándose hacia el aire. Nos miramos, observamos las aguas convulsas, prestamos atención a los sonidos y nos quedamos agachados unos segundos más. Entonces John acelera ligeramente y navegamos, muy despacio, hacia la orilla.

Son nuestras propias acciones las que nos han traído a este viaje por la superficie de un mundo construido por fuerzas que sobrepasan nuestra capacidad de comprensión, a esta exquisita exposición a la muerte. Si nos hubiéramos caído de la lancha, la corriente nos habría arrastrado y habríamos muerto en pocos minutos. El rugido de la marea le imprime a la situación un énfasis orquestal: la supervivencia, aquí, se reduce a tejemanejes azarosos.

En las aguas que navegamos, el embate de los bloques había arrebatado átomos a la superficie de roca que cercaba el mar, libres ahora para flotar con las corrientes mareales. En un diálogo sin otro contexto que la termodinámica, esos átomos se unen con otros, procedentes del polvo aventado, de partículas interestelares, de cadáveres de animales disueltos, de plantas putrefactas. Conversan en un lenguaje que ni comprendemos ni percibimos. Aún así, sus diálogos tejerán unidades y se convertirán en partes de otras formas vivas, de sedimentos químicos o de moléculas simples disolviéndose. Fluyen en las profundidades, emergen a la superficie del mar, se evaporan. Se transforman en nevadas sobre el Himalaya y provocan las inundaciones estacionales en el Ganges. En ocasiones, también, se vuelven parte de nosotros mismos.

Seguimos navegando con el bramido de las mareas de fondo. Sorteamos varios salientes de tierra y atravesamos pequeños golfos en busca de afloramientos con la suficiente exposición para permitirnos recorrer los vericuetos de su historia. Nos movemos por un mundo que la ciencia apenas ha tratado, del que apenas ha descrito más que vagas nociones.

Entonces, a menos de cincuenta metros, al otro lado de una bahía, atisbamos un fragmento de roca desnuda que discurre desde el borde del agua hasta una cubierta de tundra a unos treinta metros de la orilla. No nos demoramos en atracar y dirigirnos a la roca, presos de la intriga y la emoción.

En la roca se revela un diseño tan extraordinario que la vista se nos queda prendada, mientras repetimos una y otra vez lo increíble que resulta. Franjas rosas, blancas, grises, marrones y negras, algunas de menos de un centímetro de grosor, otras de más de un metro, guían la mirada por formas lánguidas, alisadas, plegadas sobre sí mismas, sucediéndose con tanta fluidez que se diría que el lecho de roca alguna vez fue mantequilla. Siento que estoy en presencia del arte más humilde y espontáneo, un lugar en el que algún genio creativo ha encontrado su ritmo y pintado sus pasiones, presa de una inspiración enloquecida, sobre la roca líquida que hacía de canal para su talento. Nos detenemos a cada paso, vacilantes; cada nuevo metro cuadrado posee un diseño, una disposición cromática diferente. Desde un punto de vista científico, aquello era un tesoro. Desde un punto de vista estético, una obra maestra. Nuestro mundo cuantitativo se ha imbricado a la perfección en el mundo etéreo, y se disuelve con fluidez daliniana. Lo que hacemos ya no tiene fronteras; todo lo que la mente puede abarcar se encuentra aquí, presente.

En aquel momento ignorábamos que estábamos delante de las rocas más antiguas de la región, vestigios de uno de los continentes más antiguos de la Tierra. Tras varios meses trabajando en el laboratorio, datamos aquellas formaciones con una antigüedad de más de tres mil trescientos millones de años. Mostraban pruebas de la existencia de una cuenca oceánica miles de millones de años atrás, cuando la vida era unicelular, fragmentaria, y la escasa tierra que existía estaba asolada por arenas y vientos, completamente yerma. Se trataba de un océano mucho más antiguo que el que asociamos con el proceso de formación de las montañas que habíamos ido a investigar. Había estratos negros que un día fueron roca fundida, inyectados en los sedimentos de aquellos viejos mares, mucho después, probablemente, de que el agua hubiera desaparecido y se hubiera alterado su forma cristalina. Enterrados a gran profundidad, recalentados y comprimidos, todo el conjunto debió de ser posteriormente plegado y replegado, deformado y hundido durante alguna orogénesis desconocida a lo largo de cientos de millones de años. Por fin, en algún momento a lo largo de las últimas decenas de millones de años, había regresado a la superficie, como orilla de un nuevo océano, aguantando el peso de nuestras botas a la espera de la próxima transformación. Allí se encontraba el límite septentrional de la zona que estábamos buscando. El borde de uno de los continentes que había participado en la colisión.

A partir del hallazgo, John, Kai y yo visitamos el cabo varias veces. Los tres somos observadores experimentados, capaces de poner el ojo crítico al servicio de los hechos y los indicios que puedan ampliar con nuevos detalles la perspectiva amplia y la concreta. Buscamos la historia lineal encarnada en esa red de formas, colores y texturas. Tomamos muestras y llenamos nuestros cuadernos de datos. Repetimos una y otra vez las mediciones. Discutimos y deducimos. Y, por precisas que sean esas notas y esas medidas, la descripción de las formas, de la mineralogía y de las texturas, cada visita siguió ofreciéndonos nuevas revelaciones. Escrutábamos un afloramiento o una estructura lítica por tercera o cuarta vez y veíamos cosas que no habíamos percibido antes.

Todo paisaje da forma a futuros territorios. En aquel momento, a lomos de fuerzas implacables, éramos parte de un proceso transformador tan tenaz como los bloques de roca que golpeaban contra las paredes del altivo canal que quería embocar la marea.

LA MECÁNICA DEL GUIJARRO

Pasan los días, crece el número de kilómetros recorridos. Los tres nos dedicamos a recopilar esquirlas de información —medimos la orientación de los minerales, la dirección de los rasgos planares, la mineralogía de las rocas estratificadas—, tomamos muestras y apuntes, tratamos de expandir los límites de nuestro conocimiento de la región. El ojo, la lupa y la brújula son, sin embargo, herramientas falibles y hasta que no obtengamos los resultados del laboratorio no podremos encajar todos los elementos en un relato coherente. Aún así, las observaciones sobre el terreno nos ofrecen primeras impresiones, datos preliminares, una puerta de entrada a las profundidades del saber. Y siempre, al final de cada jornada, nos sentamos y charlamos, tejiendo la conversación entre las dificultades y alegrías de la vida íntima y la vivencia de la disciplina científica que navegamos.

Un día en particular nos invade cierta satisfacción: podemos decir que hemos comprobado que la zona de cizalla no es un «cinturón fijo», sino un área de intensa deformación, uno de los rasgos esenciales para hablar de la colisión de antiguos continentes.

Abandono la tienda común en dirección a la pequeña playa que bordea la plataforma tapizada de tundra sobre la que levantamos el campamento. El camino por el acantilado que delimita nuestro hogar no es difícil y sigo avanzando hasta el borde del agua, pensando en la conversación que dejo atrás.

La playa consiste en una extensión de guijarros y piedras lisas, sin demasiada arena. Un risco de unos tres metros de altura discurre en paralelo a la orilla y se adentra un par de metros en el agua, a mi derecha. La marea está avanzando, dispuesta a engullir el escollo. El oleaje picado, irregular y no demasiado alto, llega a barrer la orilla salvo allí donde la pared de roca lo agota en un momentáneo frenesí. Las olas rompen contra el saliente y cargan en su grupa nuevos guijarros desgajados.

Continúo hacia las aguas protegidas a la espalda del risco y me quedo al borde del océano, observando el fiordo. Las nubes que pasan por encima sumen el paisaje en una plomiza melancolía. La margen opuesta se muestra borrosa a la débil luz del atardecer, una oscura presencia al otro lado del agua. Mientras estoy absorto en cavilaciones, pasa el tiempo necesario para que la marea creciente y las pequeñas olas ataquen por sorpresa mis botas, empapándolas con su avanzadilla de agua blanca y espuma. Doy un paso atrás y oigo el tintineo de las piedras al pisarlas. Mis pies crean elevaciones y depresiones entre los guijarros, un rastro accidental.

Esa nueva topografía es una agresión contra la superficie que recibe las olas, suavemente inclinada. En unos segundos, el avance del agua salada asalta el montículo de guijarros apilados y los precipita, los devuelve al lugar en el que se encontraban. Las olas derriban mi obra involuntaria y la playa recupera poco a poco su forma previa, un estado de equilibrio casi total. En unos minutos no quedarán indicios de intrusión humana.

El frío atenaza los huesos. No resulta cómodo estar allí, pero algo que tiene que ver con las sensaciones del lugar me impide abandonarlo. Me subo el cuello de la parka y miro hacia abajo.

Las piedras que tapizan la playa son restos de gneis y esquisto, procedentes de la erosión de los afloramientos que hemos estudiado, convertidos en rectángulos aplanados, pulidos. De la mayoría, lo único destacable es su oscura fealdad, grisácea, indeterminada.

Las aguas del fiordo se llevan los guijarros, que se extienden más allá de la zona intermareal. Las aguas cristalinas permiten contemplar el fondo del océano, donde la luz se atenúa y las piedras pierden nitidez poco a poco. No hay un límite claro tras el que desaparezcan las formas, sólo una penumbra creciente, un fundido a negro.

Hace rato que observo un pequeño guijarro ovalado, gris, plano. Se encuentra entre los demás, sutilmente erguido de forma que uno de los bordes, estrecho, sobresale por encima del resto. Una ola rompe en la orilla y se extiende por la playa, anegándola por un momento. Al agotarse y regresar susurrando al fiordo, el guijarro cae, rendido al breve caos de espuma y turbulencia. Una ola, un guijarro, el penúltimo clic del metrónomo en marcha.

El día en que descubrimos aquella piedra que olía a vello quemado, vimos algo más, algo que no valoré en su momento y que me vino a la memoria al presenciar el movimiento del guijarro.

Al final de aquella jornada, regresando al campo base, nos sorprendió un destello brillante procedente de la orilla por la que navegábamos. Era un reflejo lumínico extraño, metro y medio por encima de la línea de la pleamar, a cientos de metros de distancia.

John maniobró la lancha para girar en redondo y regresamos en busca de una repetición del destello. Cuando se produjo, comprobamos la ubicación y navegamos hacia allí. No había ninguna playa, tan sólo enormes bloques angulares que se amontonaban en una abrupta pared de roca, de ocho metros de alto, al borde del fiordo. Según avanzábamos por la orilla en dirección oeste, John redujo la potencia del motor de la fueraborda poco a poco, hasta que encontramos una zona arenosa en la que desembarcar.

John detuvo la Zodiac y nos recordó que la marea estaba subiendo y teníamos poco tiempo.

Cogimos los martillos, saltamos de la lancha y la amarramos a unos bloques. El afloramiento quedaba a bastante distancia, al otro lado de un talud laberíntico por el que intentamos trepar apresuradamente. Asegurábamos cada paso y lanzábamos miradas furtivas a la Zodiac para comprobar que no se la llevaba la corriente.

El afloramiento poseía una tonalidad olivácea, oscura, apagada. El reflejo procedía de una superficie llana, pulida hasta obtener un lustre casi cristalino, de en torno a medio metro de largo y veinte centímetros de ancho. Al mover la cabeza de un lado a otro, modificando la perspectiva, nos dimos cuenta de que no se trataba de un único reflejo, sino que éste estaba compuesto de varias franjas paralelas, ondulantes. Parecía un inmenso cristal, la cara de una superficie de clivaje conformada por franjas con estructuras cristalinas ligeramente diferentes, conocidas como «**gemelos**». Alrededor del cristal había un reborde blanco de unos dos centímetros. Tras observar con más atención, pudimos comprobar que en realidad había cientos de cristales enormes, cada uno bordeado por una corona blanca, cada uno incrustado como un ladrillo en una pared altísima, todos apilados. El asombro y la emoción fueron enormes al darnos cuenta de que estábamos viendo una acumulación de cristales **ortopiroxenos** gigantes, algo cuya existencia, hasta ahora, era tan sólo hipotética.

Cuando los continentes se forman, lo hacen fundamentalmente a partir de diversos fundidos magmáticos que ascienden desde el manto. Algunos de estos magmas son capaces de atravesar cualquier tipo de corteza y emergen a la superficie del nuevo continente en forma de lava. Otros, sin embargo, al ascender y dar con la base de la corteza, son incapaces de atravesarla, bien por ser demasiado viscosos o por ser demasiado densos. Existe un tipo de magma en particular, conocido como **anortosita**, que está presente en todos los procesos de formación de continentes y del que se cree que se detiene siempre en la base continental. A lo largo de muchos miles o incluso millones de años atrapado en el fondo de los continentes en desarrollo, el magma se enfría de forma gradual. Durante ese proceso de enfriamiento y solidificación progresivo nacen los cristales: los minerales recién formados crecen cada vez más y se asientan en la base de la cámara magmática, apilándose unos sobre otros. Sin embargo, hasta ahora, las acumulaciones de ortopiroxenos gigantes que se suponía que debían de surgir a lo largo de ese proceso eran sólo una teoría. Se habían encontrado cristales de este tipo en anortositas de todo el mundo, pero aún no se habían hallado zonas de acumulación. Y eso era lo que nosotros habíamos descubierto: los finos ribetes blancos eran restos de anortosita, capturados en el proceso de acumulación de los ortopiroxenos.

Intentamos seguir el rastro de las acumulaciones para hacernos una idea de su disposición, pero éstas terminaban escasos metros después en una franja de roca, de varios metros de ancho, que mostraba signos de cizalla. Fuimos en la dirección opuesta y descubrimos lo mismo. Al examinar detalladamente el material de cizalla, vimos que se trataba de los restos molidos de los cristales gigantes. La acumulación de ortopiroxenos, que probablemente se extendiera kilómetros y kilómetros en el momento de su formación, había quedado reducido a un pequeño rombo de unos pocos metros de diagonal. Hicimos algunas mediciones más, recogimos unas cuantas muestras y corrimos de vuelta a la Zodiac. La marea la estaba subiendo y la cuerda no aguantaría mucho más.

Regresamos al mismo lugar otras dos veces, realizamos observaciones y recogimos muestras para desentrañar la historia que pudiera contarnos el afloramiento. Al final, tras muchas horas de trabajo en el laboratorio, comprobamos que aquellos enormes cristales se habían formado hacía al menos dos mil ochocientos millones de años, en una cámara magmática a más de treinta kilómetros de profundidad, en la base de un antiguo continente en proceso de evolución. Tanto los propios cristales como el magma del que habían surgido se habían reciclado y transformado en la colisión de los continentes —y la consiguiente moltura— que estábamos estudiando, convirtiéndose en parte integrante de la nueva masa terrestre.

La transferencia de impulsos, la minúscula porción de calor perdido cuando se agitan los átomos, la dinámica de las masas contrarias que se cruzan: toda la realidad física de las ecuaciones matemáticas se revela en el sencillo guijarro que cae con la marea, en la cizalla que, como fragmento, da cuenta del todo. No puedo evitar asombrarme ante la riqueza inherente a las afirmaciones más sencillas de la naturaleza.

Cuando Kai, John y yo regresemos a los laboratorios, trabajaremos en los análisis de lo observado, realizando cálculos para encajar las mediciones y los datos. De este modo trataremos de construir un relato, tan objetivo como nos sea posible, que integre todos los detalles y sutilezas que se conservan en la roca.

Sin embargo, la realidad cuantificada con la que trabajamos es mucho más que el resultado de unos análisis. A partir de los datos recogidos en espectrométros de masa, las ecuaciones nos permitirán calcular la edad de las muestras. Esas ecuaciones tienen su origen hace un siglo en la física atómica y hoy son máquinas del tiempo que afinan la imaginación y nos conceden la oportunidad de contemplar el ritmo al que evoluciona la superficie del planeta. También se utilizan otras fórmulas matemáticas que permiten calcular la composición química de los minerales, descifrando los procesos químicos que desde los océanos y la atmósfera se han deslizado sobre la tierra durante miles de millones de años, un breve vistazo al camino que va desde un terreno yermo a la mente humana.

Esas mismas ecuaciones son las que han demostrado que el universo está preñado de una luz que abarca cientos de órdenes de magnitud de energía. En realidad, la visión de cualquier animal está limitada por la capacidad de las moléculas orgánicas para absorber y responder a una fracción mínima de ese espectro. Lo que vemos no es siquiera una sombra del esbozo de lo que existe ahí fuera.

No soy el mismo que se bajó de aquel avión en Kangerlussuaq. Las certezas que consideraba inmutables —lo que el mundo es, lo que constituye la realidad y el conocimiento— han evolucionado durante las pocas semanas que he pasado aquí.

Cuando uno vive al margen del barullo de nuestra cultura, queda también eximido de la incesante labor de juicio, acción y reacción ante el bombardeo incesante de opiniones e información. Dejas de sentir esa acuciante necesidad de luchar y afanarse en encontrar el lado bueno o malo de las cosas: en este espacio violento y salvaje, el juicio no existe, sólo existe el ser.

Al volver a la tienda común para seguir hablando con John y con Kai, me sorprendo de nuevo ante la escabrosa fragilidad del lugar. El pequeño risco al borde del fiordo, a unos metros de nuestras tiendas, no deja de erosionarse, el breve terraplén de bloques acumulados en la base del acantilado es el único vestigio de un territorio que ya no existe. En el campo base, los lugares que recorremos empiezan a marcarse, a desgastarse, a convertirse en sendas. La alteración formal del pequeño campo de hielo al otro lado del fiordo, reducido en las semanas que llevamos aquí, es evidente. Y el proceso nunca se detendrá, de forma que toda prueba de nuestra presencia en el territorio desaparecerá pocos meses después de que nos hayamos ido, igual que aquel suave oleaje eliminó la huella de mis botas entre las piedras.

HIELO

El fiordo Arfersiorfik se adentra desde el estrecho Davis hasta la pared frontal del manto de hielo, recorriendo una distancia de más de ciento cincuenta kilómetros. Arfersiorfik significa «lugar de las ballenas», o algo por el estilo, según a quién le preguntes. Años atrás, un nativo que nos llevó a explorar el terreno nos contó que recibió ese nombre porque en invierno es habitual que la boca del fiordo esté libre de hielo y las ballenas puedan salir a respirar a la superficie.

Eso no significa que navegar hasta el extremo oriental del fiordo sea fácil, pues con frecuencia se encuentran bloques de hielo obstruyendo la entrada del agua. Sin embargo, este año las temperaturas son altas y el verano ha comenzado antes. Esa zona ha sido uno de nuestros objetivos desde que llegamos y hemos decidido realizar una incursión. Varios geólogos la recorrieron años atrás, reconociendo el terreno, pero su trabajo fue somero y rápido, de modo que los mapas que hemos traído carecen de detalles. Pero está claro que si es posible encontrar en algún lugar los restos de las cámaras magmáticas que probarían la existencia de un antiguo sistema montañoso, ese lugar es el extremo oriental del fiordo. La visita, por tanto, resulta obligada.

Será una jornada larga, con numerosos altos en el camino para tomar muestras y dibujar mapas, por lo que desayunamos muy temprano y echamos la lancha al agua enseguida. La mañana se presenta luminosa, en calma, y la superficie del mar ondula con un hálito rítmico, ligero.

Recorremos la orilla y desembarcamos en varias ocasiones para investigar y hacer un registro de las observaciones. Algunas de esas paradas ya estaban previstas, en función de informaciones incompletas o de la mera curiosidad acerca de ciertos tramos que conectan ubicaciones conocidas. Muchas otras, sin embargo, las improvisamos, al calor de alguna configuración inesperada o insólita en el color o la forma de los afloramientos. Como siempre, cada exploración revela algo nuevo, detalles mínimos, infinitesimales a escala geológica, que, sin embargo, contribuyen a enriquecer una historia vastísima. En cierto lugar encontramos un enorme cabalgamiento que llega hasta el agua, y señala la existencia de una zona muy amplia sometida a miles de terremotos poderosísimos a lo largo de varios millones de años de moltura y deslizamiento. En otro, hallamos turmalinas de un azul brillante decorando gruesas láminas blancas de lo que un día fue roca molida, dando fe de la existencia de boro y otros elementos procedentes del agua de los antiguos océanos, formados durante la colisión de las placas tectónicas y atrapados en cristales. Nos dejamos arrastrar por nuestra buena fortuna científica hasta caer en el regocijo y la vanidad. Hasta ahora, la hipótesis de intensa deformación y molienda encaja con los nuevos hallazgos.

Seguimos navegando, en silencio, serenos, deleitándonos con cada descubrimiento, por modesto que sea. Las colinas onduladas y los pequeños acantilados cobran un aura de fantasía, como si nos deslizáramos junto a una bucólica orilla sobre la que, al doblar el siguiente cabo, pudiera materializarse una antiquísima posada de musgosos tejados. Tenemos la impresión de que hasta el guijarro más pequeño o la hoja desprendida de una simple mata se conservan aquí bajo una campana transparente, protectora de una realidad mágica.

El espejismo se rompe cuando sorteamos un promontorio y contemplamos el fiordo. Ahí está, de nuevo, la sólida realidad de nuestros afanes geológicos. A unos kilómetros de la lancha, la cara desnuda de una roca de más de cien metros de alto reluce con tonos blanquecinos y rosados, un turbador contraste con el paisaje que dejamos atrás. En la cumbre del acantilado vemos la **roca del país**, gris y superficial, con la que nos hemos familiarizado en este territorio, pero el resto de la pared está atravesada por la roca madre, mucho más clara, que inunda a su anfitrión con un tejido de hilos geométricos angulares, de venas gruesas y apéndices. Atrapados en esa pared rosácea y blanquecina se encuentran otros bloques más oscuros de cientos de metros de largo y varios de ancho, que constituyen ejemplos perfectos de xenolitos. Pocas veces se observa de forma tan clara la cima erosionada de una gran intrusión granítica. Estamos, no cabe duda, ante la parte superior de una enorme cámara magmática.

Los tres hemos estudiado diagramas idealizados de **emplazamientos magmáticos** en los que un cuerpo ígneo se abre camino hacia la superficie, rellenando todo el espacio, conforme los bloques de la parte superior del cuerpo que lo contiene caen y se amontonan en el suelo de la cámara. Pero el ejemplo que tenemos ante nosotros posee unas dimensiones insólitas, titánicas. Ninguno habíamos visto nada parecido, jamás, en toda nuestra trayectoria científica.

John acelera y en unos minutos llegamos con la Zodiac hasta el límite oeste del promontorio. El granito y los bloques geométricos suspendidos crean formas extraordinariamente bellas: la intrusión rosácea se encuentra acribillada de granates diminutos, perfectos; los bloques suspendidos están encajados en anillos de un negro intenso; el tono castaño de las micas centellea en el granito; las venas de minerales blancos y negruzcos serpentean por la superficie como una sierra dentada.

Nos hallamos sobre el tejado de una cámara magmática emergida a través de la corteza tras la colisión de los continentes, muy lentamente. El magma se formó a partir de rocas enterradas a gran profundidad y recalentadas hasta superar la temperatura de fusión. Ese fundido se incorporó a un cuerpo único que comenzó a ascender por la roca que lo contenía. Durante su trayecto entre rocas más frías, fue perdiendo calor y acabó solidificándose. Y hoy, dos mil millones de años de emersión y erosión después, se encuentra expuesta al sol, suelo seguro para nuestras botas.

Cuando llega la hora de comer, empaquetamos las muestras y nos dirigimos al este, esperando encontrar un lugar desde el que podamos explorar el frente de hielo, por poco tiempo que dispongamos para ello. Sin embargo, a menos de un kilómetro de la enorme pared blanca, las aguas opacas del fiordo se vuelven densas, cenagosas. En ocasiones, estas condiciones esconden bancos limosos, saturados, bajo un velo de agua de unos cuantos centímetros de profundidad. Avanzar por un terreno así supondría, antes o después, quedar varados en medio del fiordo y la posibilidad, bastante real, de que no fuéramos capaces de sacar la Zodiac. Por precaución, John vira hacia la orilla norte y desembarcamos allí.

Encontramos un pequeño saliente cubierto de hierba y nos sentamos a comer, observando el hielo. Pese a la distancia, la vista es portentosa. Un contrafuerte de bloques fragmentados domina la base de la pared, testimonio de una larga historia de avalanchas y desplomes. Durante la pleamar, parten de ese puerto irregular y caótico pequeños bloques de hielo que se dispersan en el agua, una variedad infinita de formas flotando perezosamente a merced de las corrientes. Hay gaviotas por todas partes, cabeceando sobre el agua helada. De vez en cuando, una de ellas levanta el vuelo, aterriza sobre un bloque de hielo y emprende en él un viaje, pasando tan tranquila ante nosotros, en dirección al fiordo, hasta que decide abandonar el bloque, regresar, buscar otro y comenzar el trayecto de nuevo. Varias de ellas repiten el proceso una y otra vez, e ignoramos si intentan engatusarnos para recibir comida o si se trata de simples cruceros de placer.

Siempre me ha atraído la idea de «montar» sobre un iceberg: cómo sería la superficie, cuánto peso aguantaría, qué se sentirá. Se lo cuento a Kai y a John y lo consideramos durante unos instantes. Está decidido, reservaremos unos minutos para que me suba a uno de los bloques helados que se alejan flotando.

Terminamos de comer y preparamos de nuevo las mochilas. Antes de reemprender el camino, John extrae de la suya la cámara de fotos. Me la entrega y me pregunta, con un ápice de vergüenza, si puedo sacarle una foto delante del hielo. Se dirige al final de la plataforma. Al fondo, el enorme frente del manto de hielo de Groenlandia refulge con un blanco brillante al sol del mediodía. John se mete las manos en los bolsillos del pantalón, la cabeza levemente echada hacia atrás, erguido; se gira hacia el hielo y dice: «Ahora».

Los tres nos turnamos para posar.

A continuación cargamos la lancha y ponemos rumbo a uno de los bloques de hielo. Tiene unos dos metros de largo y un metro de ancho. Al borde del agua, la dilución del hielo ha tallado una incisión festoneada, como un armazón. Por encima, una estrecha cornisa rodea el bloque, y protege las crestas de hielo labradas, delicadamente entrelazadas, los salientes y los montículos. La superficie es como un jardín de esculturas creadas con un sentido estético, con formas abstractas que se funden de forma lenta, imperceptible.

Le pido a John que se acerque para iniciar el abordaje. Conduce la Zodiac con precaución hasta tocarlo y hace lo posible para mantenerla inmóvil.

La superficie relumbra al sol, tapizada con una red de cristales de hielo diminutos que forman una transparencia quebradiza, engranada. Me encaramo con cuidado a los flotadores de la Zodiac y pongo un pie sobre el pequeño iceberg. La red de cristales se hace añicos bajo la bota y el hielo comienza a escurrirse de inmediato, golpeando contra la lancha. Su equilibrio es de una fragilidad inesperada. Dado que ignoramos por completo su estructura sumergida, así como las probabilidades de que se abalance sobre nosotros al mecerse, reculamos con rapidez y permitimos que se aleje.

Pasamos el resto del día en el lado sur del fiordo y después emprendemos el viaje de vuelta. Se levanta un viento ligero, que nos llega en contra, y el trayecto resulta lento y agitado.

Aunque sobre la tierra el hielo sea, en última instancia, contingente, la metamorfosis de la nieve en campos de hielo y de éstos en enormes paredes de las que se desgajan nuevos bloques, es más que un cambio de forma. Altera la luz, modula el sonido con voz propia, responde al tacto. Se trata de un mundo autónomo de experiencias, un mundo rico y profundo. Es algo que aprendí hace años, en otro lugar, lejos del agua. Me encontraba también en Groenlandia, en una zona en la que la capa de hielo se fundía en la tierra, a muchos kilómetros de cualquier fiordo: una zona en la que la vivencia del hielo era más íntima. La distinción entre el hielo y la roca resultaba, hasta cierto punto, arbitraria, y su experiencia constituía una revelación.

Había viajado en compañía de otros investigadores a un lugar muy al este de Kangerlussuaq, en un viejo camión del ejército, por un camino de tierra apenas digno de tal nombre. El camión nos dejó en la base de una suave colina, a unos minutos a pie del borde del manto de hielo. El bioma de la tundra alfombraba los pocos metros de suelo que teníamos ante nosotros, para acabar de forma abrupta allí, donde el avance del glaciar, muchos años antes, había levantado una primera capa de tierra, retirándose después, exponiendo la superficie brillante de la roca que durante milenios se había dedicado a lijar y pulir.

Nos encontrábamos en el extremo meridional de un lóbulo de la capa de hielo. Ésta llegaba a su fin, a nuestra derecha, junto a una morrena de rocas y tierra de más de quince metros de alto que se extendía a lo largo de kilómetros y kilómetros junto al glaciar. Se había formado con el avance del hielo sobre la tierra, el cambio climático y el aumento de la temperatura atmosférica, y estaba provocando que el hielo se licuara y se retirara de la morrena, a la que ya apenas se acercaba.

Un enorme anfiteatro helado se extendía ante nosotros, en parte cubierto por los bloques irregulares que habían caído de la pared. A nuestra izquierda, a cientos de metros, el anfiteatro terminaba en otra imponente pared, en la que se abría una cueva que se adentraba hacia el interior del hielo. Era imposible saber exactamente su profundidad, pues al asomarse a ella no se veía más que una oscura y densa sombra: tal vez medio kilómetro, tal vez más. Dentro de la cueva había una cascada de al menos doce metros de altura que se precipitaba al río que discurría entre los bloques de la superficie. El agua salía de forma torrencial de la cueva para fluir a lo largo de la pared, formando una imponente frontera líquida entre la roca y el hielo.

Desde el manto de hielo nos sorprendían chasquidos, estruendos apagados, ligeros estallidos y bramidos periódicos. Me acerqué a él, intentando averiguar qué era lo que provocaba esos ruidos. Todo lo que hubiera esperado encontrar allí era una blancura muda, pero la propia pared constituía una cacofonía de sonidos batiendo a través de estructuras asombrosamente complejas de azules pálidos y franjas marrones, surcando todas las tonalidades posibles de blanco.

La pared de hielo se había formado con precipitaciones caídas hacía miles de años, cientos de kilómetros al este. Enterrada y comprimida, el agua se había recristalizado y hundido hasta casi la base misma del manto de hielo, donde arrancó fragmentos de roca madre y los molió hasta convertirlos en un polvo muy fino. Ahora, tras haberse desplazado con suma lentitud, apenas unos pocos centímetros al año, el hielo quedaba expuesto en el acantilado que tenía delante y la luz del sol brillaba de nuevo en las moléculas de agua que pronto serían libres para flotar por los ríos hacia el mar y reanudar el ciclo en el que se integran. Los rugidos, chasquidos y estallidos eran la voz del agua helada al arañar la tierra, quebrándose, formando grietas y fisuras, anticipando su liberación.

Poco después emprendimos el camino por el anfiteatro. El laberinto de bloques de hielo era un caos imposible de penetrar. Algunos eran del tamaño de un puño, otros tenían la envergadura de una casa; todos presentaban ángulos afilados y reposaban precariamente en disposiciones azarosas. Me giré para decirle a uno de los investigadores que me encantaría ver la caída de un bloque de la pared, y en ese mismo momento, desde el fondo del anfiteatro, percutió resonando por todo el territorio helado el bramido de una fractura.

De forma casi imperceptible, una enorme sección comenzó a moverse. En un primer momento, la cara principal sólo pareció deslizarse un poco y algunos fragmentos pequeños se desprendieron del muro, en caída libre. El tiempo pareció ralentizarse, como ocurre cuando uno se siente amenazado o fascinado.

Durante lo que me parecieron muchos segundos, aunque no pudieron serlo, observé la pared agrietarse y fracturarse y desmoronarse por toda la superficie del anfiteatro, una precipitación que aumentaba su velocidad por momentos. Con una explosión y un rugido apoteósicos, el hielo se estrelló contra el laberinto de bloques de la base y voló en todas direcciones. Una parte rebotó contra los remanentes de colapsos previos; otra se hizo añicos y los fragmentos salieron disparados hacia la pared. Varios pedazos, del tamaño de pelotas de béisbol, volaron hacia nosotros, cayeron al río e hicieron temblar la roca sobre la que nos encontrábamos. En sólo unos segundos la función se había terminado y el ruido se acalló. El polvo de hielo, flotando como la niebla que se lleva la brisa del atardecer, se desvaneció en el aire y la escena, ligeramente transformada, regresó a la quietud anterior.

Dispersas por todas partes se hallaban joyas relucientes, esquirlas del hielo hecho añicos. Caminé hasta un lugar en el que habían quedado depositadas varias de ellas y recogí una. Se trataba de un cristal de agua helada del tamaño de una pelota de tenis de mesa, de superficies irregulares y suaves, curvas, que le daban la apariencia de una gema maravillosa. Era perfectamente diáfana, sólo atravesada por diminutos rastros de burbujas microscópicas. Una finísima pátina de agua líquida recubría el exterior. Levanté aquella nuez transparente hacia la pared de hielo y miré a través de ella como si se tratara de una lupa, impresionado por su nítida claridad.

La sostuve en la palma de la mano y la observé desde todos los ángulos. La suavidad de la superficie líquida pedía a gritos que la probara. La coloqué encima de la lengua. El sabor en la boca no defraudaba la claridad en el ojo: limpio, refrescante, agradable. Proporcionaba una sensación de calma. Entonces, extrañado, me di cuenta de que poseía cierto aroma. Aspiré y de inmediato me sobrecogió una sensación de cielos abiertos, de aire puro, de tierra. Saqué el hielo de la boca y cogí otro cristal. Me lo acerqué a la nariz y lo olí. La percepción era sutil pero persistente, algo primordial: algo que no era nada salvo su propia esencia. Me vinieron a la mente pedernales y piedras, orillas de río empedradas, un levísimo toque de densa humedad. Era un aroma que convocaba emociones enraizadas profundamente en antiguas experiencias de lugares acuosos y pétreos. Seguí inhalando, intentando capturar las impresiones, pero se desvanecieron con la misma rapidez con la que habían llegado.

El sentido del olfato está profundamente imbricado en las redes neuronales. Los órganos olfativos llevan los mensajes al bulbo olfatorio, desde el que la información se transmite y se convierte en parte de nuestra experiencia cognitiva e inconsciente. Aunque sea específica para cada especie, la estructura de este circuito es bastante similar en la mayoría de los animales. El sistema olfativo parece ser algo que la evolución perfeccionó en etapas tempranas: ha guiado a las criaturas durante cientos de millones de años. ¿Podría ser que parte de esa educación evolutiva incluyera lecciones ya aprendidas (que ciertos aromas implicaran ciertas posibilidades, buenas y malas, modificando el comportamiento)? ¿Era posible que tales sensibilidades fueran seleccionadas y se transmitieran a las generaciones futuras como ventaja para la supervivencia? ¿Podría la humanidad haber heredado el recuerdo olfativo del hielo y sus implicaciones como una de esas lecciones?

Tal vez existe un conocimiento contenido en ese aroma, el conocimiento del peligro y el alimento, las avalanchas y los mamuts lanudos, los peces y los frutos silvestres, las tierras cenagosas y los insoportables mosquitos.

Imaginé una pared de hielo delimitando un mundo antiquísimo. En él, un cazador de la Edad de Hielo habría seguido el rastro de ciertos animales en busca de alimento. Con otros de su especie, habría recorrido lugares muy similares a aquel que yo veía, habría leído el hielo y la tierra, percibido el peligro, identificado los rastros del caribú y el mamut y el buey almizclero y el zorro ártico. Habrían encontrado un lugar apropiado para pasar la noche, protegidos del viento, el frío y la humedad, adaptados a las incomodidades hasta un punto que nunca seré capaz de comprender. Habrían recolectado plantas en el trayecto, y recogido piedras que tallar. Se habrían comunicado en un idioma desaparecido hace mucho tiempo.

Aquélla fue la época de una Tierra sin adornos, en la que el carácter salvaje del territorio, el carácter salvaje de la propia vida, existía como un escenario sin límites para los desplazamientos de una humanidad errante. Y el tiempo era intangible.

FOCA

La ciencia es un tipo de excavación. Investigar consiste en revelar estratos imprevistos del pasado, historias de una riqueza superior a cuanto podamos imaginar.

Tras la tercera expedición ya no teníamos dudas de que la zona de cizalla era la cicatriz de un tajo que atravesaba el borde septentrional del área de colisión, el último acto, la apoteosis tectónica del drama que vio nacer aquellas montañas olvidadas. La cicatriz era lo que los primeros investigadores afirmaron: una zona sometida a intensas deformaciones. Kai y John estaban en lo cierto y la región recuperaba por fin el calificativo que se le asignó años atrás: «zona de cizalla» sustituiría el término «cinturón fijo» en las publicaciones académicas y en las sucesivas ediciones de los mapas geológicos.

Sin embargo, enterrados en los registros cristalinos y congelados en los minerales de unas pocas rocas, sólo presentes en lugares muy concretos, dispersos, existían indicios de que antes de la colisión de los continentes aquellas rocas se habían hallado a una profundidad de al menos ciento cincuenta kilómetros. Esa parte de la historia había sido ignorada hasta el momento. La incertidumbre había cambiado su forma, pero no su magnitud: nos enfrentábamos, ahora, a nuevas preguntas.

Una de ellas se refería a cómo interpretar el enterramiento de las rocas a tal profundidad. En todo el mundo, sólo unos pocos lugares presentaban historias de metamorfismo de presión ultra-alta —procesos de metamorfismo a una presión superior a dos mil setecientos cincuenta megapascales—, unas condiciones que en la Tierra sólo se alcanzan a más de noventa kilómetros de profundidad. En todos ellos, las pruebas procedían de antiguas zonas de **subducción**. Y en cada caso, las zonas de subducción marcaban áreas en las que los continentes habían colisionado, lo que permitía pensar que lo mismo hubiera sucedido en Groenlandia. Ocurría, sin embargo, que ninguna de ellas tenía más de novecientos millones de años. Se habían planteado diversas hipótesis para explicar por qué todos esos territorios eran tan relativamente jóvenes, comparados con los cuatro mil quinientos millones de años del planeta. Había quienes pensaban que la inestabilidad propia de los minerales de la superficie terrestre formados en contextos de presiones tan altas habría hecho que éstos retrocedieran, de forma lenta pero inexorable, ante otros minerales, más estables en condiciones de baja presión. Siguiendo esa lógica, se había propuesto la hipótesis de que novecientos millones de años era, aproximadamente, la duración máxima de esos minerales tan inestables. Otra explicación era que la tectónica de placas, con la consiguiente expansión del lecho oceánico y con las zonas de subducción que hoy observamos, no funcionara como la comprendemos en la actualidad hasta aquella época, que la tectónica de placas anterior se manifestara mediante otros mecanismos aún desconocidos y contara con zonas de convergencia menos profundas y una subducción más superficial. Cualquiera que fuera la interpretación correcta, nos enfrentábamos al desafío de explicar la insólita antigüedad de las rocas metamórficas de ultra-alta presión que habíamos descubierto. Puesto que nuestras muestras doblaban la edad de todas aquellas otras encontradas hasta la fecha, habrían de ser o bien producto de algún mecanismo de conservación desconocido o la prueba desconcertante de una tectónica de placas mucho más antigua, que aún no había podido observarse ni probarse en otros contextos. La naturaleza inusual de aquellas rocas permitía pensar que la respuesta se encontraba, con toda probabilidad, en una combinación de ambas hipótesis.

Y surgía una pregunta más. En un archivo en el que se guardaban centenares de muestras, recogidas y estudiadas a lo largo de cuatro décadas por diversos investigadores, sólo habíamos encontrado dos que mostraran indicios de condiciones de presión ultra-alta. Una posible explicación para que tales indicios apenas hubieran sido hallados antes era que las características y composiciones minerales que apuntaban a tales condiciones se comprendían desde hacía poco tiempo. Aun con todo, el hecho de que en aquel archivo sólo encontráramos los indicios en dos muestras, teniendo en cuenta que examinamos y reexaminamos cientos de ellas, planteaba otras líneas de investigación. ¿Era posible que los indicios de la presión ultra-alta hubieran sido borrados por nuevos acontecimientos, como la cizalla posterior, dejando intacta la historia sólo en fracciones mínimas de roca? ¿O podían constituir la prueba de que toda la región era en realidad un revoltijo tectónico en el que rocas procedentes de lugares diversos y con historias muy diferentes se habían intercalado unas con otras?

De este modo, preparamos la cuarta expedición con el objetivo de comprender mejor los nuevos interrogantes. Decidimos que dedicaremos varias semanas a mover el campamento de un lugar a otro para visitar ubicaciones clave, dispersas por un territorio de más de dos mil quinientos kilómetros cuadrados. Hemos contratado a Carsten, propietario de una pequeña barca de motor en Aasiaat, para que sea nuestro apoyo logístico y nos transporte cuando tengamos que reubicarnos, y para que se quede en el campamento, carenando el barco, mientras nosotros trabajamos.

Queremos explorar un lugar en particular, en el que John ya trabajó años atrás. Para llegar allí debemos recorrer a pie unos doce kilómetros, atravesando afloramientos de mármol entremezclados tectónicamente con gneises muy antiguos. John había realizado el mapa de la zona durante su tesis doctoral, pero eso fue antes de que los modelos de placas tectónicas que definieron la colisión de los continentes fueran aceptados por completo. En aquella época, el paradigma conceptual generalizado para explicar la formación de las cordilleras era la llamada «teoría geosinclinal», que postulaba la existencia de enormes fosas, de cientos de kilómetros de ancho y miles de kilómetros de largo, repartidas por todo el planeta. Éstas no se desplazarían por la superficie de la tierra como hacen las placas tectónicas: se creía, en cambio, que se hundían lentamente, cada vez a más profundidad. Conforme descendieran, se llenarían de sedimentos y, en un momento dado, por medio de algún mecanismo desconocido, la inestabilidad que alcanzaran provocaría que, por compresión, emergieran a la superficie enormes sistemas montañosos. Dado que entonces el análisis de los datos se realizaba en términos útiles para la teoría geosinclinal, pero incompletos para los presupuestos de la tectónica de placas, nuestro propósito era regresar a la zona y analizarla de forma más detallada, observando cómo podría encajar dentro del nuevo paradigma.

La mañana nace gris, quieta. La travesía por la costa es tranquila y sin dificultades. Ponemos rumbo a la entrada del pequeño fiordo en el que desembarcaremos para comenzar la ruta. El terreno será irregular pero no escabroso: al término de la jornada deberíamos haber concluido la exploración.

Cuando entramos en la boca del fiordo, el mar nos recibe apacible. No nos resultará difícil echar al agua el esquife amarrado a la popa y navegar hasta la orilla. Tenemos preparados los martillos, las mochilas, la comida y el agua. Y entonces, cuando ya estamos listos para botar el esquife, vemos emerger del agua la cabeza de una foca, a unos cientos de metros a estribor, ligeramente escorada hacia la popa. Nos observa con curiosidad, manteniendo las distancias. Carsten es el primero en verla y cae presa de la excitación. Es consciente de que podría convertirse en cena, cuero y una buena cantidad de carne seca para su familia.

Suelta el esquife, corre a la cabina y coge el rifle de bajo calibre que tiene colgado sobre el dintel de la puerta. Comprueba la recámara y prepara el cargador, después se apresura a ayudarnos con la embarcación y nos conduce veloz hasta la orilla. Aunque navega atento, manteniendo el rumbo hacia donde hemos decidido desembarcar, se gira cada pocos segundos y comprueba que la foca siga allí. Nos deja en tierra y regresa a toda prisa al barco para emprender la persecución, el rifle dispuesto sobre el cuadro de mandos frente al timón. Si todo va según lo previsto, nos encontraremos con él a la hora de la cena, en la playa.

No tardamos en identificar el afloramiento de mármol que buscamos, frente a la cala de piedras en la que hemos desembarcado. Es de un color gris plata, de casi dos metros de grosor, apretujado entre gneises oscuros, pardos y negros. Nos dirigimos hacia él y lo analizamos, admirando los complejos plegamientos de su estructura y las inserciones alargadas que lo adornan, testimonio innegable de una cizalla extrema. Es un rasgo que se adecúa perfectamente a la deformación sufrida por las rocas atrapadas entre la colisión de dos continentes enormes y a la molienda consiguiente: un nuevo hito en el camino.

Caminamos y conversamos, y un paisaje infinito de estanques y plantas inéditas para nosotros se nos muestra por delante, placeres botánicos que no habíamos previsto. En un momento dado, una densa alfombra de musgo verde oscuro y castaño pálido se entrelaza en multitud de capas en la base de un afloramiento de dos metros de alto. Me quedo atónito, pues nunca he visto musgo que creciera siguiendo ese tipo de plegamientos. Entonces me doy cuenta de que el musgo no puede desarrollarse de tal modo. La única posibilidad que se me ocurre es que hubiera crecido sobre la superficie del saliente, conformando un sutil tapiz fotosintético en la cara de la roca. Durante décadas, tal vez siglos, habría seguido extendiéndose, sin que nada lo molestara, hasta que alcanzó tal grosor que su propio peso sobrepasó lo que el frágil vínculo entre la planta y la roca podía aguantar. La masa de musgo habría terminado por caer como un manto vegetal arrugado hasta los pies de la roca, ahora desnuda. Múltiples estipes de algún hongo que no era capaz de identificar, de color amarillo brillante y con el grosor de un dedo, de apariencia pinnada, rodean los pliegues de la alfombra vegetal. Me encuentro en el paraíso de los micólogos. Sigo adelante con el firme desconcierto del geólogo.

De repente, a lo lejos, escuchamos el inconfundible estallido y timbre de un disparo: un golpe breve y seco que parecía hacerle el contrapunto al restañar del martillo contra los afloramientos rocosos. Hubo más, nos acompañarían durante las horas siguientes.

Al final de la tarde, llegamos a una elevación a varios cientos de metros por encima y a más de dos kilómetros de distancia de la bahía en la que habíamos preparado el campamento. Vemos el barco anclado a escasa distancia de la orilla. Nos preguntamos si Carsten ha cazado la foca, pero no hay manera de saberlo desde allí.

Veinte minutos después nos encontramos en la bahía del campamento. Carsten se encuentra en lo alto de una piedra que desciende en suave pendiente hacia el mar. La foca está dispuesta sobre la piedra y él se dedica a desollarla, cuidadosamente, con movimientos precisos y experimentados. Se preocupa de lavar bien la piel, que no haya cortes ni quede resto alguno en la carne. Carga la piel y el resto del animal, ya limpios, en el esquife y se los lleva al barco. Regresa a buscarnos poco después para que cenemos todos a bordo.

En danés, Carsten le explica a Kai que va a preparar un plato local que probablemente no querremos probar. Tras una traducción vacilante, alcanzamos a entender que se dispone a hervir las entrañas de la foca para aderezarlas después con algún otro ingrediente. No nos va a gustar el olor, dice, de eso está seguro. Se disculpa antes de ausentarse, mientras preparamos nuestra cena. Kai se ocupa de ella en la cocina y el capitán sale a preparar la suya sobre la popa. La vida en Groenlandia no puede separarse de la vida del mar; comparte equilibrios, matices, la mera imposibilidad de dar nada por seguro.

Recuerdo cuánto me impresionó lo que vi en una ocasión, durante la primera expedición groenlandesa que realicé. Estábamos a punto de partir de Sisimiut en un pequeño barco pesquero. El día era gélido; todo el mundo llevaba anorak, parca, gorros de lana y guantes. Nos encontrábamos en el muelle, cargando el avituallamiento en el barco, pasándolo por encima de la barandilla para que el resto de la tripulación lo asegurara a los mamparos. Al levantar una mochila, repleta de equipo y accesorios, para dársela a un marinero, me fijé en uno de los muelles contiguos, al otro lado del agua. Dos pescadores se dedicaban a reparar sus redes: cosían la cuerda con manos desnudas y veloces. Mientras los observaba, uno de ellos se giró hacia el techo de la cabina que tenía al lado y cogió un cuchillo que se encontraba junto al cuerpo de una pequeña foca ocelada. De un tajo apenas perceptible, desgajó una cuña de grasa y se la comió; después volvió a la tarea. Era el tentempié de antes de zarpar.

En el exterior, a favor del viento y a solas, Carsten da cuenta de su comida. Mientras cenamos le lanzamos miradas furtivas por encima del hombro, impresionados por su entusiasmo. Poco después, sin que nos demos cuenta, aparece en la puerta de la cocina con un plato lleno de comida. Nos pregunta si querríamos probarlo y nos lo tiende. Cada uno cogemos un trozo de carne.

Sobre el plato parece un trozo de ternera dura, una carne muy densa y con un veteado particular. Apenas tiene grasa. Un aroma extraño, que raya lo dulzón, intenso y embriagador, emana de ella. La muerdo, con el recuerdo aún fresco de la carne de reno, a pesar de que la probé unos años atrás. Aunque la textura es muy parecida a la de la ternera, me sorprende el intenso e inesperado sabor a pescado.

No se puede experimentar un lugar por completo sin alimentarse de él. Una foca conoce las sutilezas del movimiento de los peces, de sus hábitos y rutinas. Su cerebro está programado para cazarlos, sabe dónde es probable que se encuentren, las estratagemas con que intentarán escabullirse, las reservas de energía que necesitan para hacerlo. Ese conocimiento heredado es el beneficio de millones de años de cacerías, algunas victoriosas y otras malogradas, la selección de sus propias lecciones. Inevitablemente, las focas experimentan un lugar y se desplazan por él arrastrando el estigma del perseguidor y el perseguido; en parte, su propia vida habrá de adoptar la perspectiva del pez.

¿Qué pensaría yo si probara mi propio tejido muscular? ¿Qué lección obtendría acerca de mi propia experiencia del mundo, de aquello que persigo, de mi forma de vivir, de lo que el alimento saca a la luz? Al igual que en el caso de las focas, es innegable que hemos heredado de los saberes necesarios para la supervivencia formas de ver, formas de contemplar un territorio o un curso de agua clara o el propio cielo. Somos la suma total de esa herencia y la expresión de esas enseñanzas.

Vivir en el corazón salvaje de un espacio ajeno a lo humano enardece los sabores, los devuelve a su carácter de idioma olvidado. Disponen de un vocabulario en el que tienen cabida todos los elementos que constituyen el territorio. A través de ese idioma puede leerse la historia de dónde y cómo se vivió una vida. Este léxico acoge, en su interior, la fauna y la flora del lugar, el relieve y los rasgos del agua, la forma en que cambia la luz con las estaciones.

PERTENENCIA

Han pasado ya más de cuatro semanas y la fase de investigación sobre el terreno toca a su fin. El conflicto entre las interpretaciones contradictorias de la evolución de la isla ha quedado resuelto, pero han surgido nuevos interrogantes que quedan pendientes de abordar, indicios de historias más profundas. Estamos deseando comenzar la siguiente etapa del trabajo, la sistematización de las mediciones y las observaciones que dará forma a una crónica coherente, así como el estudio y el análisis de las muestras que hemos recopilado. Tenemos ganas de reunirnos con los amigos y la familia, de regresar al mundo moderno y a sus comodidades. Pronto llegará un helicóptero para llevarnos a Kangerlussuaq.

En el suelo, Kai ha señalado el lugar de aterrizaje con una gran X, utilizando las tiras de tela blanca que trajimos para ello. No queda lejos del emplazamiento del campamento, sobre un saliente en el risco por el que escalé la primera noche que pasamos aquí. El espacio permite el aterrizaje del helicóptero, aunque será necesaria destreza y sangre fría para que las hélices no se hagan añicos contra las paredes de roca. La tecnología no es bienvenida en esta tierra. La mañana, gris, fría, atravesada por la brisa que sopla desde el fiordo, hace que la despedida resulte dolorosamente gélida.

Dedicamos el último día a guardar en cajas las provisiones que no habíamos utilizado y el equipo que nos llevaríamos en el helicóptero. Envolvimos cientos de muestras de roca en papel de periódico, etiquetadas con un número identificativo y unas coordenadas, y las guardamos en contenedores de madera que dejaríamos allí. Teníamos un acuerdo con el capitán de aquel pesquero de casco azul en el que llegamos: pasaría a recoger los contenedores más tarde y los transportaría hasta Aasiaat, desde donde serían enviados a Dinamarca. Comprobamos por última vez las anotaciones y los rótulos para asegurarnos de que las latitudes y longitudes eran correctas y de que las descripciones de las muestras coincidían con nuestros apuntes. Una vez hecho eso, recogimos toda la basura y la quemamos en la playa, contemplando la retirada de la marea.

Los contenedores con las muestras son ya los últimos objetos que dan fe de nuestra presencia. Las tiendas las desmontamos esa misma mañana.

El veloz *zup-zup-zup* de las hélices lejanas del helicóptero comenzó a escucharse minutos antes de que llegara, batiendo en el aire. Cruzaba el agua desde el sur y su eco resonaba en las enormes paredes que cercaban el fiordo.

Los tres forzamos la vista intentando divisar el aparato, pero no vimos nada.

Unos días antes, un grupo de tres familias inuit, prácticamente las únicas personas con las que tuvimos algún contacto en todo el mes, instaló su campamento junto al arroyo del que recogíamos agua y en el que nos bañábamos. Venían a cazar renos.

Al terminar la tarde, de regreso a nuestras tiendas, divisamos a cuatro niños encaramados al acantilado junto al que almacenábamos el combustible y las provisiones. Nos miraban fijamente mientras llevábamos la Zodiac hasta la orilla, la amarrábamos y descargábamos las rocas y el equipo. Les saludamos con la mano pero ellos no sacaron las suyas de los bolsillos del anorak. Entre el instrumental habíamos dejado varios chalecos salvavidas que teníamos de sobra. Mientras organizábamos y colocábamos el equipo, descubrimos que habían inflado uno de ellos. Era un objeto irresistible para unas mentes jóvenes y curiosas: la pequeña asa de plástico, brillante, roja, de la que había que tirar para inflar el chaleco era demasiado tentadora. Lamenté haberme perdido el momento.

Merodearon por los alrededores durante casi una hora, sopesando la tentación de hacer una incursión de reconocimiento, mientras nosotros recogíamos y comenzábamos a preparar la cena. No se atrevieron. Después me arrepentí de no haber ido yo a presentarme.

Por fin aparece el helicóptero. Se dirige directamente hacia nosotros, como un misil resplandeciente, rojo y blanco, cuyo objetivo fuera la aniquilación de nuestro puesto de avanzadilla. Desciende sobre nuestras cabezas poco después, gira de forma brusca y se posa en el punto que Kai había señalado. Miro hacia el campamento de los inuit y me pregunto qué estarán pensando. Han salido todos de sus tiendas a observarnos.

Cargamos el equipo en apenas unos minutos y nos subimos al helicóptero. Nos abrochamos los cinturones, nos ponemos los cascos y despegamos.

Durante los segundos que dura el ascenso sobre el campo base se pueden divisar las huellas de nuestra presencia: la tundra aplanada donde habíamos levantado las tiendas, líneas de plantas aplastadas que se convirtieron en rutas, senderos habituales. La vida entromete su geometría cuando se vive en lugares tan vulnerables.

Nos dirigimos al sur, de vuelta a Kangerlussuaq, al aeropuerto en el que aterrizamos procedentes de Copenhague. Volamos a una altura de poco más de trescientos metros, casi rozando cumbres y collados, acariciando superficies desconocidas. Hacia el este relumbra al sol la blancura del manto de hielo, un horizonte implacable que pronto no será más que una nota histórica a pie de página. Hay momentos en los que el glaciar está a menos de treinta metros de nosotros, tan cerca que podemos ver el agua brotar de su vientre en ríos cenagosos, de un gris parduzco, que avanzan con morosidad hacia el oeste, arrastrando a su paso las rocas pulverizadas que depositará en un mar aún lejano. Su curso entre la tierra se atasca en los escabrosos fondos de los valles, dejando tras de sí arenas bastas y grava en las planicies aluviales y en el lecho del valle, remodelando las laderas desde el límite de los fiordos, desplazando las aguas azules que fluyen con la pleamar y las corrientes oceánicas.

A medida que viajamos hacia el sur, las nubes se desvanecen y el cielo adquiere un intenso tono azul. Brilla en la tierra un sarpullido infinito de destellos cegadores: el sol de la mañana también vuela bajo y se refleja en los estanques y en las superficies húmedas de la tundra. Echo mano en busca de las gafas de sol y al instante cambio de idea, no quiero irme de este lugar poniendo barreras que me separen de su experiencia, aunque piense eso desde un helicóptero que vuela a trescientos cincuenta metros de altura, el rotor girando sobre nuestras cabezas a cuatrocientas revoluciones por minuto, el incesante *zup-zup-zup* de fondo.

A mitad del trayecto sobrevolamos unos riscos escarpados y a continuación observamos un laberinto de senderos entre la tundra del valle. Son las rutas migratorias de los renos, ahora vacías. En ellas, sin embargo, hay una historia encarnada. Son escritos efímeros, símbolos de las vidas que se han vivido allí, escurridizas consecuencias de los cambios y la pervivencia en una tierra en constante evolución.

A nuestra izquierda, el hielo persiste con infinito afán en su labor de desarme de la isla más grande del mundo; a nuestra derecha, valles esculpidos con delicadeza y fiordos colmados de sedimentos se hunden hacia el oeste. La diversidad del paisaje pone de relieve cuán injustas pueden llegar a ser las descripciones puramente analíticas de los procesos naturales.

De repente, cruzamos por encima del collado contiguo a un promontorio y vemos, a unos diez kilómetros hacia el oeste, a cientos de metros por debajo de nosotros, el hormigón y el asfalto del aeropuerto de Kangerlussuaq, una construcción diseñada para hacer frente a la radicalidad de las estaciones.

Empezamos a descender y a cambiar de rumbo. El 767 en el que atravesaremos el Atlántico Norte aparece ante nosotros. Todo apunta a que estaremos en Copenhague a la hora de la cena.

El helicóptero se posa con suavidad sobre el asfalto. Me desabrocho el cinturón, me levanto, apoyo las manos sobre la cubierta de aluminio pintado y salgo de un brinco del aparato. Al dar los primeros pasos, me sorprende la sensación sedosa del suelo, ese tacto suave y limpio bajo los pies que llevo semanas sin experimentar. Nos encontramos más o menos en el mismo lugar que nos abrió la puerta a los territorios inhóspitos que hemos recorrido en el último mes y nada de lo que me rodea me sugiere familiaridad alguna.

Sacamos el equipo del helicóptero y lo llevamos en la furgoneta: suenan golpes metálicos, huecos, al colocarlo. En este batiburrillo de asfalto y combustibles fósiles se encuentra la expresión fundamental del mundo al que regresamos. La huella de mi pie en la tundra parece la expresión misma de la nada.

Dejamos atrás una existencia que miraba sólo hacia las mareas, los vientos, las formas de las nubes y la amistad. Lo que define al nuevo mundo es su separación del flujo natural que marca la evolución de los territorios y la vida, un lugar de límites y fronteras. Incluso las duras planicies del asfalto resultan perturbadoras: se ha borrado de forma intencionada todo rastro de esa superficie irregular que brinda mil maneras de sentir la Tierra.

Cruzamos las pistas de aterrizaje en la furgoneta, camino de la terminal / cafetería / hotel. Entramos en el edificio y facturamos las mochilas con destino a Copenhague. Al otro lado del hotel se encuentran los baños públicos, a los que se puede acceder por un módico precio. El dinero, un concepto inútil en la minúscula comunidad de nuestro campamento base, me resulta de repente una abstracción inquietante. Abrimos las carteras y rebuscamos las monedas que durante estas semanas han resultado perfectamente inútiles.

Me dirijo a las duchas presa de una leve claustrofobia. Me siento mareado y desorientado, doblando esquinas de un pasillo a otro.

Más tarde, frente al lavabo, dispuesto a afeitarme la barba de un mes, la falta de brisa y la sensación de calor y humedad del recinto se me hacen aún más opresivas. Abro una ventana, dispuesta hacia las colinas onduladas con las que limita, al este, el fiordo Kangerlussuaq, y se cuela una pizca de aire fresco, puro, que me calma por un instante.

# IMPRESIONES IV

*Cuánto mejor, pensé, si al volver de los territorios vírgenes los emisarios se limitaran a guardar registro de su magnificencia, si no intentaran apuntalar su sentido. De ese modo los ecos reverberarían en la mente de los hombres y cada uno intuiría el lugar del que nacen los milagros, ese lugar que, una vez definido, deja de satisfacer el anhelo de símbolos del ser humano.*

LOREN EISELEY

En mi cabeza, la escena se desarrolla sobre la cornisa de aquel acantilado en el que nos dimos cita el halcón gerifalte y yo. Frente a mí, bajo el vasto abismo del aire, nada aquel río de peces, migrando hacia su destino. La existencia aquí no conoce las pesadillas que invaden el mundo humano. Todo lo enunciado nace de una voz que se apaga, la voz de la vida salvaje en la naturaleza virgen. El pensamiento es un punto de observación.

Nos quedamos inmóviles, suspendidos en vuelo, las ideas y los sueños amarrados a la superficie de todo lo visto y lo vivido. Somos esa especie pionera en concebir la superficie y lo que se oculta. Levantar capas de roca, sangrar cuando nos roza un cristal, atravesar el aire con las botas caladas, todo ello conforma nuestra experiencia y modela eso que llamamos «mundo natural». Los bloques de hielo entre los peces, el aullido de los vientos agitados que golpean contra la pared de los acantilados, los jugos que brotan de la carne de foca, los dulces aromas de los órganos reproductivos de la vida que florece: ante nuestra mirada, lo salvaje otorga nuevas alas a la aptitud humana para el raciocinio, la imaginación, la poesía, el entusiasmo por la belleza.

EPÍLOGO

En los designios errabundos del polvo de estrellas, en los restos atómicos de las supernovas y en los vientos primigenios de astros ignotos se encuentra el origen de la Tierra. Hace poco más de cuatro mil quinientos millones de años, la suave precipitación de partículas interestelares y las colisiones de cometas, meteoritos y agua helada esculpieron nuestro planeta en un arrebato de genialidad cósmica.

Desde entonces, el impulso creativo no ha cesado: la geología y la vida —sus consecuencias— lo atestiguan. Sin embargo, para percibir su riqueza y participar de ella es necesario acceder a esa materia que queda oculta bajo los aparcamientos subterráneos y los edificios y las calles de las ciudades. Para observar lo que contienen los horizontes y atardeceres, las proezas creativas con las que las termitas, las moléculas, la vida misma, responden a la naturaleza, hay que internarse en los territorios salvajes.

Porque perder la naturaleza en ese estado salvaje es perder una perspectiva crucial, única.

Los estudios que hemos llevado a cabo, junto a los de otros geólogos, han revelado la trama de ese viejo relato que cuenta cómo se formaron las montañas. La voz espontánea de la roca madre sólo se escucha buscando detalles inapreciables para el ojo humano, detalles en su mayor parte desconocidos. Por eso vamos armados de martillos, bolsas de muestras y rotuladores.

De las muestras que recogimos y remitimos a Dinamarca obtuvimos láminas finísimas, que después enviamos a laboratorios altamente especializados. Allí se reducen hasta que su grosor no es mayor que el de un pelo humano y se colocan en portaobjetos transparentes. La superficie de la roca queda perfectamente pulida, brillante como un cristal. Éstas son las llamadas «secciones delgadas», tan finas que la luz puede pasar por ellas y nos permiten observar y registrar los más sutiles detalles de su forma y su textura.

Cuando se analizan en el microscopio estos fragmentos de roca, uno pierde la noción de sí mismo y queda absorto ante semejantes maravillas geométricas, cromáticas y estructurales, imperceptibles a simple vista e inimaginables para el cerebro humano. En la belleza de ese reino microscópico se expresa la magia con la que los átomos se coordinan y disponen en celdas cristalinas. Las horas que dedicamos a leer el pasado conservado en los minerales pasan veloces; es así como se nos revela la magnitud de la empresa. En sus alteraciones y evoluciones, los átomos quedan congelados en geometrías que dan fe del equilibrio inabarcable de estos procesos, en lo que nada, nunca, es definitivo. Las superficies del cristal presionan contra las celdas contiguas y anulan la posibilidad de los espacios vacíos; disposiciones estables se superponen unas a otras, delineando cada cambio de las condiciones en las profundidades de la tierra.

Sin embargo, reconstruir una historia geológica es mucho más que organizar datos en una tabla. Necesitamos una manera de datar la época concreta en la que se formó un mineral o se desarrolló una textura. Cuando tratamos con rocas de hace más de tres mil millones de años, la reconstrucción de un relato temporal de estas características requeriría una grabadora con una memoria prodigiosa. Por suerte tenemos el zircón, un material perfecto para ello.

El zircón es un mineral compuesto principalmente de zirconio, silicio y oxígeno. Posee una resiliencia extraordinaria, al permanecer estable en la mayor parte de las condiciones de presión y temperatura que las rocas experimentan en las capas medias y profundas de la corteza terrestre. También tiene un alto nivel de dureza: puede viajar decenas o cientos de kilómetros por el lecho de los ríos, recibiendo golpes, dejándose arrastrar entre bloques de roca y piedras, y resistir la abrasión gracias a las uniones extremadamente fuertes de su enrejado cristalino.

Dada la singular combinación y disposición de los átomos en su estructura, en el zircón puede haber trazas de

*Imagen de microscopio.*

uranio, un elemento presente en la práctica totalidad de las rocas. Y es esta característica la que le otorga al mineral una importancia decisiva a la hora de ayudarnos a reconstruir la historia de la corteza terrestre, especialmente allí donde la actividad tectónica ha calentado y comprimido la roca, sometiéndola a una variedad de condiciones extremas. El uranio presente en el zircón se desintegra de forma radiactiva a un ritmo constante y lento, desintegración de la que surgen el plomo, el torio y el helio. Así, para determinar la edad de las rocas «basta» con medir la concentración de esos elementos: el zircón es un reloj geológico.

Para datar el zircón, hay que romper y cribar un fragmento de muestra hasta aislar los diminutos cristales. Entonces se colocan varios granos sobre un disco epoxídico, pulidos de manera que el interior quede expuesto, y se analizan. Es inevitable que haya complicaciones. En un microscopio potente es fácil ver que los cristales de zircón no son homogéneos. A menudo contienen algo parecido a los anillos de los árboles, que rodean el núcleo central del cristal y hablan de un cambio en las condiciones en que un cristal de zircón envejece. En ocasiones, el grosor de esas franjas de crecimiento es de unas cuantas millonésimas partes de centímetro, por lo que su datación y su análisis ni siquiera resulta posible.

Pero aunque seamos incapaces de interpretar los anillos de crecimiento más finos, cuando aplicamos las técnicas de análisis a franjas más anchas del zircón podemos determinar cientos de fechas individuales, lo que nos permite reconstruir con una precisión extraordinaria la evolución de un territorio según ha quedado registrada en la roca madre.

Varias de las muestras que seleccionamos para su datación procedían de las aglomeraciones fluidas, plásticas, que hallamos en el término oriental de Tunertoq. Repasando los datos con la ayuda de varios colegas, descubrimos que algunas de ellas tenían una antigüedad inesperada. Los núcleos de numerosos zircones alcanzaban los tres mil cuatrocientos millones de años, más que la práctica totalidad del territorio que queda en el lado opuesto de la zona de cizalla. Eso significaba que había debido de existir un cuerpo continental previo extendiéndose hacia el norte pero no hacia el sur. De todo ello se concluía que esas rocas eran los restos del límite de un océano desaparecido.

Alrededor de esos núcleos había anillos de zircón más jóvenes, muchos de los cuales databan con toda probabilidad un mismo acontecimiento ocurrido hace unos dos mil setecientos cincuenta millones de años. Es la misma época que reaparece en numerosos estudios de diversas localizaciones por todo el mundo como un periodo de turbulencia extrema, y que también observamos en las rocas al sur de la zona de cizalla. El significado preciso de todo esto sigue siendo un misterio, aunque apunta a que fue en aquel tiempo cuando emergieron del manto terrestre gran parte de las masas continentales. También establece una correlación entre lo que ocurría en Groenlandia y los procesos que estaban teniendo lugar en otras partes del planeta: un denominador común que demostraría que el proceso de formación de Groenlandia es el mismo que el de otras zonas de la corteza continental.

Atravesando las rocas más antiguas aparecía una veta homogénea de zircones surgidos hace mil ochocientos cinco millones de años, que resultó ser un momento crucial en la historia de la región: el momento de la colisión de los continentes.

Más al este, las rocas que formaban el enorme macizo ígneo que Kalsbeek y sus colegas exploraron en 1987 han sido datadas con precisión, gracias a los zircones que recogimos y a los obtenidos por otros investigadores, de una antigüedad similar. Las mediciones temporales demuestran que hace entre mil ochocientos setenta y cinco y mil novecientos ochenta millones de años se estaban produciendo movimientos de placas y procesos volcánicos similares a los que originaron los Andes.

Un sistema volcánico activo durante cien millones de años contribuye, por razones de pura aritmética, a reducir el tamaño del océano en el que se encuentre. Sabemos que el ritmo al que se consume actualmente la corteza oceánica en las zonas de subducción suele ser de entre dos centímetros y medio y doce centímetros al año. Incluso suponiendo que ese ritmo fuera menor durante la convergencia de las placas, el tamaño de la corteza consumida habría superado los cinco mil kilómetros, casi la distancia entre Nueva York y Lisboa. En otras palabras: el océano del que emergieron esos basaltos almohadillados pudo haber alcanzado el tamaño actual del Atlántico Norte.

Ahora bien, ¿permitiría la antigüedad de los basaltos almohadillados postular que éstos hayan sido parte de una cuenca oceánica activa hace casi dos mil millones de años? Utilizando las mismas técnicas de análisis, datamos los basaltos y encontramos que se remontaban a hace, al menos, mil ochocientos noventa y cinco millones de años, lo que demuestra que es probable que fueran parte del fondo de ese océano perdido.

En otras muestras recogidas en la zona de cizalla en que se concentraban los procesos de deformación y metamorfismo certificamos edades diversas, pero todas se encontraban entre los mil setecientos veinte y los mil ochocientos veinte millones de años. Esos cien millones

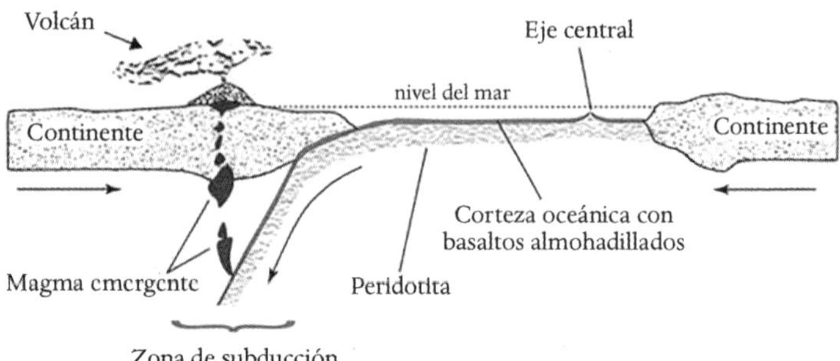



*Antes de la colisión. Hace unos mil ochocientos noventa millones de años, los continentes que participaron en la colisión, la zona de sub-ducción y el sistema volcánico —estos últimos son los principales elementos tectónicos activos— se encontrarían dispuestos según este esquema. La región de presiones ultra-altas se hallaría justo por debajo del área en la que los cuerpos magmáticos emergen de los basaltos almohadillados y de las peridotitas en descenso, por encima de la cual estarían las rocas de altas presiones.*

*Nueva interpretación. Esbozo esquemático de una sección transversal del sistema montañoso que se formó al término de la colisión de los continentes, hace unos mil setecientos veinte millones de años. Las flechas indican el movimiento a lo largo de las principales fallas asociadas a las zonas de cizalla que ahora conocemos. Las masas continentales, en tonos oscuros, se encontrarían unidas antes de la colisión. Las rocas continentales más antiguas que componían el continente septentrional están a la izquierda de la zona de cizalla de Nordre Strømfjord. Las líneas más finas, onduladas y plegadas, indican metasedimentos y otras rocas. La imagen es una versión modificada del modelo dibujado por Kai Sørensen.*

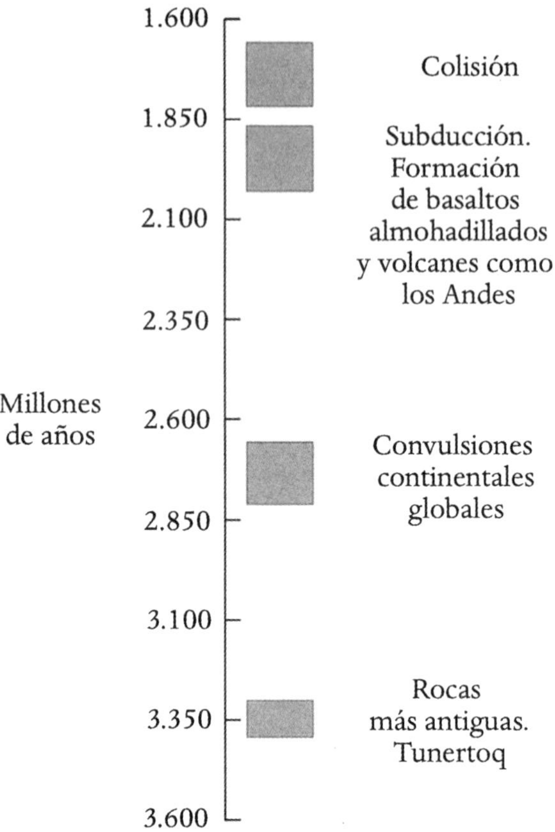


*Línea temporal de los eventos geológicos más significativos según los indicios hallados en Groenlandia Occidental. La cronología se basa fundamentalmente en la información obtenida de los zircones. La longitud de cada franja abarca la mayoría de las etapas que definen cada accidente. La activación de la zona de cizalla de Nordre Strømfjord (NSSZ) ocurrió durante los últimos millones de años de la colisión. Como referencia, la Tierra se formó hace unos cuatro mil quinientos sesenta millones de años y los fragmentos continentales más antiguos conservados en el planeta tienen unos cuatro mil cien millones de años.*

de años que tardaría en completarse la formación de las montañas coincide con la duración de los procesos de colisión que han generado otras cordilleras, como el Himalaya o los Alpes. En el caso de estas dos últimas, tales procesos siguen activos y continuarán así durante millones de años. La cordillera del Himalaya comenzó a formarse hace sesenta millones de años y los Alpes tienen unos treinta millones de años de antigüedad.

Por otro lado, la posibilidad de datar los granos minerales de las muestras nos permite obtener una cronología a partir de la cual trazar el trayecto que siguieron las rocas. De ese modo, es posible construir un modelo espacial y temporal que nos cuente la historia del territorio.

Sometimos al examen del microscopio también aquella roca que olía a vello quemado y descubrimos que estaba llena de granates, olivinos y espinelas, y que a lo largo de su existencia habría estado enterrada a una profundidad de al menos sesenta y cinco kilómetros, un contexto de metamorfismo a presión ultra-alta. Hasta ese momento, ninguno habíamos imaginado que esas rocas pudieran haber descendido a más de veinte kilómetros de profundidad. Preparamos informes, publicamos artículos e investigamos nuevas muestras procedentes de los archivos subterráneos de la Universidad de Aarhus, buscando una confirmación de que lo que habíamos encontrado no eran meras anomalías enigmáticas.

Dedicamos meses a examinar miles de muestras recogidas en Groenlandia durante décadas por una pequeña cohorte de profesores, doctorandos y estudiantes de

Geología. De entre todas ellas, hallamos dos que conservaban indicios del mismo tipo de enterramiento a gran profundidad. Procedían de lugares situados a decenas de kilómetros de aquel en el que nosotros habíamos trabajado, pero pertenecían a un mismo cinturón de rocas inusuales, también al norte de la zona de cizalla de Nordre Strømfjord. Las dos muestras presentaban características similares. Curiosamente, una de ellas había sido recogida por el propio Kai cuando estuvo trabajando sobre el terreno con Fleming Mengel, uno de sus alumnos, cuatro décadas antes. Kai ni siquiera la recordaba. La otra muestra procedía de un lugar cerca de Giesecke Sø, y la había recogido a finales de los sesenta Steen Platou, a la sazón estudiante de posgrado. Ambas se convirtieron en las piezas esenciales de la pequeña colección que confirmaba la hipótesis de que ciertos fragmentos de la región habían sido enterrados y sometidos a enormes presiones y habían sobrevivido a un viaje de ida y vuelta a las profundidades de la Tierra de más de doscientos cuarenta kilómetros. Constituyen las muestras más antiguas que se conocen con indicios de haber estado en una zona de subducción profunda, allí donde el fondo del océano desciende cientos de kilómetros bajo el borde de otra placa tectónica. Antes de su hallazgo, carecíamos de pruebas directas de que tales procesos y, en consecuencia, la propia tectónica de placas, hubieran ocurrido hace más de novecientos millones de años. Gracias a estas muestras podíamos ampliar la horquilla hasta los dos mil millones de años.

Cuando hallamos las muestras que Steen Platou había recabado durante su investigación, él ya estaba jubilado y se ocupaba de un huerto y una granja a las afueras de Århus, Dinamarca. Fuimos a visitarlo a su casa, y allí repasamos apuntes y mapas, y le hicimos un interrogatorio en toda regla acerca de sus recuerdos de Groenlandia. Llegamos a la conclusión de que la única opción que teníamos era viajar con él a su antigua área de trabajo. Así, en el verano de 2012, regresamos al lugar que Steen había explorado por última vez en 1969, una zona que nadie había visitado desde entonces. Ahora tenía poco más de setenta años. Dedicamos los días a recorrer el terreno, dejando que nos guiara. Sonreía con frecuencia, fumando en pipa, a todas luces feliz de retomar viejas pasiones. Una tarde, hacia el final de nuestra estancia, se quitó orgullosamente la camisa para enseñarnos que el cinturón ya no le valía: había perdido tanto peso con las caminatas que no tenía agujeros suficientes para cerrar la hebilla.

Steen murió de un infarto unos meses después de aquel viaje. Había seguido ayudándonos, trabajando con entusiasmo en los mapas que nos hacían falta para compilar toda la información. Las muestras que había recogido en sus primeros viajes y las que trajimos del último eran las pruebas fundamentales que documentarían una historia única. Tanto esas muestras como los datos recabados apoyaban la hipótesis de Kalsbeek y sus colegas acerca de la existencia de un sistema volcánico en la versión groenlandesa de los Andes.

Habíamos encontrado la zona de sutura que marcaba los límites entre continentes y los restos del fondo oceánico que separaba ambas masas. Gracias a nuestra investigación y a los estudios de otros colegas, la zona de cizalla de Nagssugtoq quedaba establecida sin asomo de duda como la última deformación masiva al término de la colisión entre los continentes. Un sistema de fallas similar a los sistemas activos actualmente que continúan dando forma al Himalaya, pues tienen en su interior vestigios de rocas capaces de desplazarse doscientos cuarenta kilómetros entre la bajada al interior del manto y el regreso a la superficie. No se tiene constancia de la existencia de rocas con esa antigüedad que hayan descendido a tales profundidades: estábamos ante restos de los primeros movimientos de placas tectónicas y subducción que se conocen. Y Steen era quien los había encontrado.

Navegamos a lomos de las olas, mecidos entre las rocas costeras, donde brillan los reflejos iridiscentes de los cteNÓforos. John gira la lancha para meternos aún más en la corriente. Los gneises y esquistos y, en realidad, todo cuerpo **lítico** acunado por la marea, nos deleitan con la canción de su pasado. Dejamos atrás las formas del futuro con la estela de la lancha. Los flotadores responden a cada cresta y a cada declive, acelerando, frenando, un breve empujón hacia un lado, una oportunidad para salpicarnos con sus juegos.

Desde nuestra última expedición, se han producido avistamientos de osos polares en el terreno que exploramos, un lugar al que nunca antes se habían acercado. Ahora, si queremos regresar, estamos obligados a hacerlo armados con rifles de protección para cumplir los protocolos de las agencias que nos subvencionan.

En mi cabeza vuelvo a ver imágenes de un paisaje que se desintegra, los montículos de tundra junto a los bloques de roca en aquella bahía, años atrás. Observo los huesos de reno pudrirse, el hielo fundirse, la aparición de nuevas superficies. Pese a los cambios y la inevitable disolución, cuanto quede de salvaje nunca dejará de convocarnos, de forma silente, irresistible.


Los asentamientos en los márgenes de un territorio salvaje puntúan el relato de la naturaleza virgen, le permiten coger aire. El elemento humano da forma a la emoción, se abre a la respuesta, modifica la textura del lugar. La posición que ocupa en el límite de lo inhóspito define la posibilidad de una coexistencia armónica con el territorio y se convierte en fuente de una profunda sabiduría.

Me encuentro recorriendo las calles de Aasiaat con John, una mañana, temprano, en busca de alguien que va a ayudarnos con la logística. Se trata de un anciano inuit cuyo hogar se encuentra sobre una loma desde la que se divisa la bahía de Disko. En el tejado, tendida para que se seque, está la piel de un reno que acaba de matar; del marco de una ventana, en el segundo piso, cuelgan tiras de carne, curándose. Es una casa humilde. Los huskies están atados en sus respectivas casetas. Junto a ellos, en pie, el trineo del que tirarán en invierno, los blancos patines curvados se arquean con elegancia hacia el cielo.

A medida que nos aproximamos a la puerta delantera, un sonido extraño atraviesa el aire. Una canción multitonal que salta de los agudos a los graves y bulle desde la playa. Me giro hacia el agua tachonada de bloques de hielo, pero no alcanzo a ver más que el plácido y resplandeciente reflejo de un cielo azul con motas blancas. Cuando accedemos al porche, la superficie de la bahía entra en erupción con tres olas gigantescas, de las que emergen lentamente las enormes fauces de varias ballenas jorobadas. El sonido ha cesado y queda remplazado por el ruido del agua corriendo por sus barbas. Están comiendo. Esa canción es el mecanismo que emplean para agrupar y concentrar el tropel de vida marina del que se alimentan.

Cuando finalizamos nuestros asuntos, regresamos para encontrarnos con Kai en el hotel de marineros en el que nos alojamos. Caminamos por una carretera que discurre paralela a la playa, junto al puerto, y nos detenemos entre un racimo de puestos cubiertos de telas blancas donde los pescadores locales venden pescado y carne de foca. Mientras echamos un ojo a los lenguados, el bacalao del fiordo, la trucha ártica y otros peces que no conozco, escuchamos el rugido de una pequeña fueraborda acercándose al puerto. El motor se apaga poco antes de llegar a la playa y vemos cómo se desliza con suavidad sobre la arena. De ella salta un hombre robusto vestido con un mono de pesca amarillo que le llega hasta el pecho, arrastrando tiras largas y gruesas de carne de foca, de un intenso color carmín. Lo observamos dirigirse a uno de los puestos y negociar con la mujer inuit que lo regenta. No tardan en llegar a un acuerdo y la mujer hace sitio para la nueva mercancía entre el pescado que tenía expuesto. Él regresa a la barca y vuelve, de nuevo, con unas grandes láminas de grasa de ballena. Cuando recibe el dinero, se encamina por segunda vez a la embarcación, la empuja hasta el agua y tira de la cuerda del motor, que vuelve a la vida con un rugido. El hombre, aún de pie, maniobra lentamente entre las barcas amarradas del puerto; después acelera, se aleja y lo vemos desaparecer detrás de un cabo.

Es una escena tradicional, una antigua forma de comercio y de coexistencia sostenible con la fauna y la tierra, una que apenas ha cambiado en cientos de años. Pero cada vez se captura menos bacalao, se hace más raro encontrar ballenas, las rutas de migración de los renos son más difíciles de descubrir y se ha perdido el equilibrio entre la población de focas y su ecosistema. Lo que una vez fue una existencia agotadora pero coherente está hoy en peligro de extinción.

La situación no es exclusiva de Groenlandia; en todos los continentes están desapareciendo los territorios vírgenes, y la gente que ha dependido de ellos, habitando sus márgenes, trabajando su hospitalidad, se ve obligada a abandonar aquello que ama. Con infinita arrogancia, el mundo moderno impone los resultados de su avaricia industrial sobre estilos de vida de los que desconoce absolutamente todo. El fracaso moral que tiene lugar al racionalizar de forma sistemática la destrucción de la naturaleza salvaje y de las personas que viven en armonía con ella resulta espantoso. Aunque es alentador que tanta gente sienta ira y busque formas de mitigar el impacto, los obstáculos a los que se enfrenta son demasiado poderosos. La indignación que todos deberíamos sentir parece bastante endeble contra los gigantes de la economía.

Las consecuencias de esta monstruosidad económica se agravan por el papel cada vez más reducido que la naturaleza virgen tiene en nuestras vidas. Apenas aparece en las noticias, los políticos casi nunca la toman en consideración y su presencia en los medios de comunicación es prácticamente nula. En 1960, en su referencial «Wilderness Letter» [Carta de la naturaleza virgen], Wallace Stegner escribió:

> Cuando somos jóvenes, la naturaleza nos resulta benigna por la incomparable cordura que ofrece, como un instante de reposo, como un retiro, frente a la enajenación de nuestras vidas. Cuando somos mayores, nos resulta crucial simplemente porque está ahí; crucial como idea.

El mensaje es ineludible en todo momento, pero hoy resulta más urgente que nunca.

La humanidad se arraiga en la comunidad, que exige cooperación y experiencias compartidas. A medida que la política y el interés personal, espoleado por la economía, arrasan el mundo y hacen retroceder los espacios naturales inalterados, nos arriesgamos a perder la capacidad de acceder a ese elemento crucial y propio de cada uno de nosotros: lo salvaje que llevamos dentro. Sea a través de la experiencia directa o a través de la poesía, el arte o la música, es necesario que compartamos y celebremos lo salvaje, para que pueda, así, salvarse. Las vidas que allí se viven —las de todas las especies— merecen nuestro reconocimiento y nuestro respeto; la tierra, nuestro asombro, nuestras artes, nuestros sueños.

**Anortosita**: roca magmática compuesta de pequeñas cantidades de ortopiroxeno, que contiene principalmente plagioclasa, un mineral rico en calcio, sodio, aluminio y silicio. Se cree que es una roca abundante en el fondo de los continentes.

**Borde de grano:** es la superficie de separación entre dos cristales de un mismo grano policristal. Surge como consecuencia del mecanismo del crecimiento de grano o cristalización.

*Bugt*: en danés, bahía oceánica.

**Cizalla:** estructura formada bajo condiciones dúctiles compuesta por rocas de tipo milonitico. La intensidad de la deformación dentro de estas zonas es muy grande.

**Emplazamiento magmático**: proceso por el que materiales dispuestos en capas superiores resultan quebrados y asumidos por un cuerpo magmático que emerge hacia la superficie. El término se utiliza de manera habitual en la industria minera cuando se retira material de la parte superior de la mina, pero también se emplea para describir los procesos de emersión de roca fundida (magma) a través de la corteza terrestre.

**Esquisto**: roca metamórfica con capas y secciones del grosor del papel, formadas por minerales laminados o elongados.

**Fiordo**: brazo de mar encerrado, a menudo, en paredes altas y escarpadas, que se forma allí donde el mar inunda un valle glaciar.

**Fósil viviente**: una característica, objeto o forma propia de otro tiempo que ha sobrevivido.

*Foehn*: viento fuerte y cálido que se forma en la caída de algún accidente geográfico. En su origen, el término se utilizaba para describir un fenómeno meteorológico propio de los Alpes, pero hoy se ha extendido y se aplica también a los vientos que se originan a resguardo de grandes capas de hielo, como el manto helado de Groenlandia.

**Fraccionar, fraccionamiento**: proceso de separación. En la ciencia aplicada, el término se utiliza a menudo para describir situaciones en las que, por ejemplo, un elemento sólido o gaseoso se separa de otro, por ejemplo, líquido.

**Gemelo**: estructura de cristales en la que el enrejado de átomos compone un cristal orientado de manera diferente a las partes adyacentes.

**Gneis**: roca metamórfica que ha estado sometida a altas temperaturas y presiones, y contiene estratos de diferentes mineralogías. Normalmente, su estratificación se muestra mediante franjas de diferentes colores. En teoría, el gneis puede formarse a partir de cualquier tipo de roca (magmática, sedimentaria, metamórfica), siempre que se produzcan el calor y la presión suficientes.

**Lítico**: compuesto de piedra.

**Ortopiroxeno**: mineral que se forma a temperaturas muy altas en ciertas rocas magmáticas y metamórficas. Está compuesto principalmente de hierro, magnesio y silicio.

**Placa tectónica**: fragmento de corteza terrestre y de manto superior que se desplaza con lentitud por la superficie de la Tierra. Existen ocho placas tectónicas principales y numerosas placas más pequeñas. Los sistemas montañosos se forman cuando las placas, relativamente rígidas, colisionan entre sí.

**Roca del país**: la mayor parte de las litologías que componen un terreno. También se utiliza para describir las rocas que resultan invadidas por los magmas.

**Sotavento**: el lado opuesto a aquel del que procede el viento en un velero. También ese lugar en una costa, masa continental u objeto protegido del viento, por contraposición a barlovento, que queda directamente expuesto a él.

**Subducción**: proceso por el que una placa tectónica desciende por debajo de otra.

**Tundra**: región fría, de vegetación no arbolada, que se encuentra en altas latitudes o a gran altura. Las temporadas de crecimiento de su vegetación son muy breves. Sus condiciones meteorológicas dan forma a un bioma vegetal único.

**Ultramáfica**: tipo de roca rica en hierro y magnesio, y en la que apenas se encuentran silicio, aluminio, sodio y potasio. Las rocas ultramáficas conforman la mayor parte del volumen de la tierra y son el tipo de roca predominante en el manto.

AGRADECIMIENTOS

Durante siglos se le ha dado voz a la naturaleza salvaje y en la literatura abundan visiones diversas y experiencias singulares, todas ellas de diferente raigambre. Agradezco aquí a algunos de quienes se han ocupado de reflexionar sobre la naturaleza y nuestro lugar en ella, y que al mismo tiempo cultivaron e inspiraron la humildad. Se trata de una lista sin orden particular y tristemente incompleta:

Loren Eiseley, *The Inmerse Journey: An Imaginative Naturalist Explores the Mysteries of Man and Nature*, Nueva York, Random House, 1957.

Ilya Prigogne, *From Being to Becoming*, Nueva York, W. H. Freeman & Company, 1980.

Freeman Dyson, *Disturbing the Universe*, Nueva York, Basic Books, 1979; trad. cast.: *Trastornando el universo*, México, Fondo de Cultura Económica, 1983.

Henry David Thoreau, *Walden*, Boston, Ticknor and Fields, 1854; trad. cast.: *Walden*, Madrid, Errata naturae, 2013.

John Muir, *The Mountains of California*, Nueva York, The Century Co., 1894; *My First Summer in the Sierra*, Boston, Houghton Mifflin Company, 1911; y *The Yosemite*, Nueva York, The Century Co., 1912.

Aldo Leopold, *A Sand County Almanac*, Oxford, Oxford University Press, 1949; trad. cast.: *Un año en Sand County*, Madrid, Errata naturae, 2019.

Edward Abbey, *Desert Solitaire*, Nueva York, McGraw-Hill, 1968; trad. cast.: *El solitario del desierto*, Madrid, Capitán Swing, 2016; y *The Monkey Wrench Gang*, Philadelphia, Lippincott Williams & Wilkins, 1975; trad. cast.: *La banda de la tenaza*, Córdoba, Benerice, 2012.

Robert MacFarlane, *The Wild Places*, Londres, Penguin Books, 2007; trad. cast.: *Naturaleza virgen*, Barcelona, Alba, 2008.

Margaret Mead, *Coming of Age in Samoa*, Nueva York, William Morrow and Co., 1928; trad. cast.: *Adolescencia, sexo y cultura en Samoa*, Barcelona, Planeta DeAgostini, 1985.

Rachel Carson, *Silent Spring*, Boston, Houghton Mifflin Company, 1962; trad. cast.: *Primavera silenciosa*, Barcelona, Crítica, 2016.

Gontran de Poncins, *Kabloona: Among the Inuit*, Nueva York, Book of the Month, LLC, 1941.

Peter Matthiessen, *The Snow Leopard*, Nueva York, Viking Press, 1978; trad. cast.: *El leopardo de las nieves*, Madrid, Siruela, 2008.

Gary Snyder, *Riprap and Cold Mountain Poems*, Berkeley, Counterpoint, 1959; *Turtle Island*, Nueva York, New Directions, 1974; *The Practice of the Wild*, Nueva York, North Point Press, 1990; trad. cast.: *La práctica de lo salvaje*, Madrid, Varasek, 2016.

Barry Lopez, *Arctic Dreams*, Nueva York, Charles Scribner's Sons, 1986; trad. cast.: *Sueños árticos*, Barcelona, Ediciones Península, 2000.

Rockwell Kent: el primero en pintar Groenlandia para el público occidental.

Wallace Stegner, *Angle of Repose*, Nueva York, Doubleday, 1971; trad. cast.: *Ángulo de reposo*, Barcelona, Libros del Asteroide, 2009.

John Steinbeck, *The Log from the Sea of Cortez*, Nueva York, The Viking Press, 1951; trad. cast.: *Por el mar de Cortés*, Barcelona, Caralt, 1988.

Henry Beston, *The Outermost House*, Nueva York, Doubleday, 1928; trad. Cast.: *La casa más lejana*, Madrid, Volcano Libros, 2019.

E. O. Wilson, *Consilience*, Nueva York, Vintage, 1998; trad. cast.: *Consilience: la unidad del conocimiento*, Barcelona, Círculo de Lectores, 1999.

Annie Dillard, *Pilgrim at Tinker Creek*, Nueva York, Harper's Magazine Press, 1974; trad. cast.: *Una temporada en Tinker Creek*, Madrid, Errata naturae, 2017; *Teaching a Stone to Talk*, Nueva York, HarperCollins, 1982; trad. cast.: *Enseñarle a hablar a una piedra*, Madrid, Errata naturae, 2019.

Gretel Ehrlich, *The Solace of Open Spaces*, Nueva York, Viking Books, 1985; *Islands, the Universe*, Home, Nueva

York, Penguin Books, 1991 y *This Cold Heaven*, Nueva York, Vintage, 2001.

Elsa Marley, *Blue Ice Series* y otros magníficos cuadros.

Terry Tempest Williams, *Refuge*, Nueva York, Vintage, 1992; trad. cast.: *Refugio*, Madrid, Errata naturae, 2018; *When Women Were Birds*; Nueva York, Sarah Crichton Books, 2012; *The Hour of Land*, Nueva York, Sarah Crichton Books, 2016.

Gracias a Kai y a John, impulsores de la aventura groenlandesa, por invitarme a unirme a ella y a ellos hace tantos años, y por la incombustible pasión hacia la vida y el lugar que permitió la aparición del Equipo Alfa. Su entusiasmo, arrojo y honestidad tienen un enorme valor para nosotros y para la ciencia que practicamos. A los habitantes de Groenlandia, por no permitir que se pierda una cultura que reconoce y respeta profunda e íntimamente la magia y el poder del mundo salvaje que habitan. Su lucha por la supervivencia contra las presiones externas debería inspirarnos a todos nosotros para acercarnos más a lo que hemos elegido ser. A Lucia Milburn, Peter Seitel y John Winter por su compañía sobre el terreno durante mi primera expedición.

Mi más profundo agradecimiento a Katharine Turok, cuya profunda, certera y sensata revisión editorial hizo de mi manuscrito un libro. La paciencia y elegancia con que ha guiado a un hombre ingenuo por una pequeña parcela del enorme territorio de la escritura han sido infinitas.

Gracias a Dawn Raffael, quien hizo de cicerón y consejero para que este libro tomara forma. A Erika Goldman, cuyo trabajo editorial, incansable y constante, le permitió madurar, le estaré eternamente agradecido. A Carol Edwards, gracias por tus increíbles esfuerzos a la hora de precisar y perfeccionar la intención del texto. Gracias a mi agente, Malaga Baldi, que perseveró hasta encontrarle un hogar a esta obra. Y gracias a Elana Rosenthal y Molly Mikolowski, por su dedicada atención y capacidad de observación.

A Carolyn Feakes le guardo mi más sincera gratitud por la infinita paciencia con la que, día tras día, sobrellevó la eterna congoja de buscar lo que ha de ser dicho. A Sabina Thomas, Martha Hickman Hild, Annemarie Meike, Lucia Milburn y Dirk Sigler por la generosidad con la que me ofrecieron su tiempo y sus conocimientos, y comentaron, a lo largo de los años, las diversas versiones del libro. Gracias a Lawrence Millman, por la información micológica. Y gracias a los docentes y estudiantes de la Facultad del Atlántico, en Bar Harbor, Maine, por participar con tanto entusiasmo en las discusiones sobre la naturaleza salvaje y sus valores.

La financiación para las investigaciones en Groenlandia durante estos años ha procedido, en varios momentos, de la Fundación Científica Nacional de Estados Unidos, el Consejo Danés de Investigación, el Instituto Geológico de Groenlandia (GGU) y el Instituto Geológico de Dinamarca y Groenlandia (GEUS). Quede aquí constancia de mi gratitud hacia todos ellos.

BIBLIOGRAFÍA DE OBRAS CITADAS

Katherine Larson, «Solarium», *Radial Symmetry*, Connecticut, Yale University Press, 2011.

Alan Watts, *Cloud-Hidden, Whereabouts Unknown: A Mountain Journal*, Nueva York, Vintage Books, 1974.

George Bancroft, *The Necessity, the Reality and the Promise of the Progress of the Human Race: Oration Delivered Before the New York Historical Society*, 1854.

John Steinbeck, *The Log from the Sea of Cortez*, Nueva York, The Viking Press, 1951; trad. cast.: *Por el mar de Cortés*, Barcelona, Caralt, 1988.

Barry Lopez, *Arctic Dreams*, Nueva York, Charles Scribner's Sons, 1986; trad. cast.: *Sueños árticos*, Barcelona, Ediciones Península, 2000.

John Muir, *My First Summer in the Sierra*, Boston, Houghton Mifflin Company, 1911.

Alfred Tennyson, *Canto 123, In Memoriam A. H. H.*, Londres, 1850.

Annie Dillard, *Teaching a Stone to Talk*, Nueva York, HarperCollins, 1982; trad. cast.: *Enseñarle a hablar a una piedra*, Madrid, Errata naturae, 2019.

Loren Eiseley, *The Inmerse Journey: An Imaginative Naturalist Explores the Mysteries of Man and Nature*, Nueva York, Random House, 1957.

*Un*

*tiempo más salvaje* es

el vigésimo séptimo libro de la colec-

ción Libros salvajes. Compuesto en tipos Dan-

te, se terminó de imprimir en los talleres de KADMOS

por cuenta de ERRATA NATURAE EDITORES en noviembre

de 2020, ochenta y cinco años después de que Rockwell Kent,

pintor norteamericano y metafísicamente salvaje, abandonara su

casa, a su mujer y a sus hijos guiado de forma impulsiva e imprudente

por su sed de paisajes remotos y por el desasosiego febril que le generaba

la vida en sociedad, y fuera a parar a una diminuta isla en la costa noroeste

de Groenlandia (Ubekendt Ejland o Isla Desconocida), en la que había una

única aldea con apenas un centenar de habitantes, y donde Rockwell trató

de alquilar una cabaña y contratar a una *kifak* que se ocupara de las tareas

domésticas, pero la mujer le dijo que sólo aceptaría si podía alojarse

con él en la cabaña, pues ella estaba allí de paso, y el pintor aceptó; la

mujer le dijo entonces que se instalaría junto con sus tres hijos pe-

queños, y el pintor aceptó; la mujer le recordó en ese momento

que las cabañas groenlandesas sólo tienen una habitación y

una única cama donde deberían dormir los cinco, y el

pintor también aceptó, lo que nos recuerda que

los humanos somos seres radicalmente

insondables.